/ 哲 学 通 识 读 本 / 主 编 唐正东 张 亮

社会中的科学与技术

刘 鹏 著

南京大学出版社

图书在版编目(CIP)数据

社会中的科学与技术 / 刘鹏著. —— 南京 ：南京大
学出版社，2017.6
　　(哲学通识读本)
　　ISBN 978－7－305－18439－0

　　Ⅰ．①社… Ⅱ．①刘… Ⅲ．①科学技术－研究 Ⅳ.
①G301

中国版本图书馆 CIP 数据核字(2017)第 081248 号

出版发行　南京大学出版社
社　　　址　南京市汉口路 22 号　　　　邮　编　210093
出 版 人　金鑫荣
丛 书 名　哲学通识读本
书　　　名　社会中的科学与技术
著　　　者　刘　鹏
责任编辑　蒋桂琴　　　　　　　编辑热线　025－83592655
照　　　排　南京南琳图文制作有限公司
印　　　刷　常州市武进第三印刷有限公司
开　　　本　635×965　1/16　　印张 11.5　字数 183 千
版　　　次　2017 年 6 月第 1 版　2017 年 6 月第 1 次印刷
ISBN 978－7－305－18439－0
定　　　价　34.00 元

网址：http://www.njupco.com
官方微博：http://weibo.com/njupco
微信服务号：njuyuexue
销售咨询热线：(025)83594756

发挥哲学在通识教育中的作用，办好中国特色的世界一流大学

（代序）

张一兵

　　"办好中国的世界一流大学，必须有中国特色。我们要认真吸收世界上先进的办学治学经验，更要遵循教育规律，扎根中国大地办大学。"这是习近平总书记对于中国高等教育事业所提出的殷切希望，也指明了中国大学的未来发展方向。中国大学的沉浮，映射了近代以来的国运兴衰。从在民族救亡中发轫和竞争对话中摸索，到专业化的大发展和素质教育的改革，再到面向世界一流大学的探索，中国现代高等教育已经走过了两个甲子的不凡之路。今天，办好中国通识教育的理念已经深入人心。通识教育以培养具备远大眼光、通融见识、博雅精神和优美情感的完整的人为目标。作为"爱智"之学，哲学本身就与通识教育的精神内在相通，并且在通识教育的发展中发挥着核心和基础的作用。它在培育学生的理性批判思维，引导当代大学生正确认识自己、认识社会以及人与社会的关系，形成理性地驾驭自我和从容处世的能力，进而成长为"扎根中国、胸怀世界、勇于创新"的现代人的过程中，具有不可替代的重要作用。

　　2009 年以来，为适应国家和社会发展需要，创新人才培养模式，南京大学全面推行了"三三制"本科教学改革。经过五年多的努力，以这一改革为龙头的南京大学通识教育建设已取得了显著成效，在国内和国际高等教育界产生了重大反响。借助于改革所搭建的制度平台、开辟的实践空间，南京大学哲学系严格贯彻"三三制"本科教学改革的理念，坚持走以质量提升为核心的内涵式发展道路，结合自身学科特色和优势，从顶层设计出发，紧紧围绕"认识世界，咨政育人"这一根本宗旨，以"主流价值观的

1

引导、传统文化的传承和创新思维的培养"为核心导向,精心打造了包括高水平通识课、高年级研讨课、新生研讨课和文化素质课在内的四级哲学类通识课程体系,为积极发挥哲学通识教育在咨政育人、创新人才培养和思想政治教育方面的功能做出了有益探索。

2015 年 1 月,中共中央办公厅和国务院办公厅印发的《关于进一步加强和改进新形势下高校宣传思想工作的意见》强调指出:"要充分发挥高校哲学社会科学育人功能,深化哲学社会科学教育教学改革,充分挖掘哲学社会科学课程的思想政治教育资源。"为贯彻落实这一文件精神,南京大学哲学系和南京大学教务处、南京大学出版社展开通力合作,在借鉴国外一流大学成功经验的基础上,推出了这套与课程体系相匹配的哲学通识教材,全面普及哲学知识,启迪智慧,系统强化哲学的育人功能。

据我所知,这是国内高校自主编写的第一套比较全面、系统的哲学类通识教材。我衷心地希望,这套教材的出版能够为进一步深化南京大学"三三制"教学改革,积极提升南京大学人才培养质量,建构具有南京大学特色的通识教育模式和教材体系提供有益探索。

前　言

　　我们生活在一个科学和技术的时代。有人可能认为科学和技术是专家们考虑的事情，离我们的生活远着呢。事实果真如此吗？大家可以想象一下，如果生活中没有了手机、电脑，没有了空调、冰箱，没有了汽车、地铁，我们的生活将会变成什么样子。或者，请想一下，我们走上大街所呼吸到的汽车尾气，仰望天空所看到的雾霾，走进饭馆所不得不面对的用转基因植物油烹饪出来的菜肴，我们还会说科学和技术与我们的生活无关吗？科学和技术已经彻底改变了这个世界的面貌，重构了我们的生活。它们就像空气一样，成为生活必不可少的一部分，但也正因为它太过重要，以致我们常常忽视其存在。

　　科学在当下获得了至高无上的地位。特别在中国，一百多年来的历史教训和三十多年来改革开放所取得的成就，使得科学的崇高地位更是无以复加。任何东西只要一跟科学沾上边，就很容易获得人们的信任。于是，我们的生活中便充斥着这样的"科学"。某矿泉水品牌的广告语是"我们不生产水，我们只是大自然的搬运工"，然而试想一下，如果没有了科学技术的帮助，他们能够成为"搬运工"吗？某儿童奶粉外包装上写着"Bringing Science to Early Life"，某化妆品强调自己的宗旨是"Powered by Nature，Proven by Science"，诸如此类。科学成为获取信任的最佳手段。于是，与人类健康相关的这些科技产品似乎都成为了一个矛盾体，一方面，它们都是最新的科技产品，它们身上带有了强烈的人造特征；另一方面，它们似乎又是天然的，正是这种人造性保证了它们的天然性。

　　广告、媒体等似乎也在不断重塑着公众的科学观，就如某些牙膏品牌所说，"80%的细菌不在牙齿上"，因此刷牙不能只刷牙齿，而且也要清洁口腔和舌苔，公众如果接受了这种科学观，也就意味着必须接受他们的产品。于是，商家便利用大家对科学的信任，通过对公众科学观的重塑，达到了改变公众生活方式进而推销自己产品的目的。即便是在个人生活领域，很多人似乎也都在遵循着科学的引导。出门前，我们会打开手机看一下今天的天气，以决定是否需要携带雨具，甚至会根据日晒条件选择涂抹何种标准的防晒霜；某些爱美人士在选择饮食时，有时会使用某种带有刻度的水杯，从而可以清楚地知道自己到底喝了多少热量的饮料；很多人在跑步时，也喜欢用某些具有行踪记录功能的软件，然后通过这些软件测算自己跑步的距离、消耗的热量等，甚至会将这些数据上传至社交软件，这就使得它们不仅具有了健身的指导功用，更成为了一种有效的社交工具。如果仔细观察，我们就会发现我们的生活已经被科学彻底重构了。

然而，我们对科学这一概念的使用却又非常混乱，这甚至为某些伪科学留下了可乘之机。老师经常会要求同学们学会科学的学习方法，家长会要求孩子们树立科学的世界观、价值观和人生观，企业管理者会要求建立科学的管理体制，医生告诫我们要确立科学的生活方式，如此等等。说某某是科学的，便意味着它似乎获得了绝对的合理性，而当说某某不是科学的，似乎它便失去了存在的合理性。缘于此，人们便想方设法为自己的工作获取科学的地位，一般的文化研究者也试图挖掘传统文化与西方科学理论如宇宙大爆炸理论之间的相似性，仿佛获取了这种相似性，传统文化的存在便更具合法性。更有甚者，冒着科学的名义行坑蒙拐骗之事，算命不再是简单地看看手相、面相，而是利用电脑进行科学算命；某"专家"为抑郁症者开出的治疗方案是"把宇宙中的能量导到身上，把体内的不和谐的能量场和信息置换掉"，并声称这是从美国渡洋而来的边缘科学。[①]

科学在我们的时代备受推崇，然而，人们对科学的了解却又与这种重视不太相称。2010 年 11 月，中国科学技术协会发布第八次中国公民科学素养调查报告，报告显示我国具备基本科学素养的公民比例为

---

① 赵力、赵朋乐等：《养生"专家"坐堂治抑郁症》，《新京报》2016 年 3 月 28 日 A06 版。

3.27％。①社会学家斯蒂夫·富勒(Steve Fuller)在他的本科生课堂上曾多次问同学们一个问题：在科学和宗教中,哪一个为我们理解周遭世界提供了更好的基础。答案可以想象,大家都选择了科学。然而,当他让大家进一步谈谈科学和宗教的时候,情况却出乎意料,大多数同学都难以说出任何具体的科学理论,更不用说用它们来解释现实问题了,但他们对宗教的了解却要多得多。② 如果人们对某一对象极度信任,却又对之缺乏了解,这很容易导致对它的滥用,科学主义的出现也就顺理成章了。

那么,我们该如何理解科学呢？一种观点认为科学是绝对客观的知识,它为我们理解周围的世界提供了基础,在这种视角下,科学一方面是人为的,但另一方面却又不具有属人性。另一种观点则认为科学仍然是人类的事业,这不仅仅是指科学研究中充满着人类的参与,更重要的是说科学的评价标准完全是人类确定的,科学甚至成为了某种语言游戏,丧失了客观性。这两种理解尽管完全相对,但它们却又有着相似的前提,即科学是一项知识的事业,哲学家们的工作是为这项事业找到某种根基。然而,不管从哲学还是从历史的角度来看,这项寻找基础的工作并没有取得成功。在这种争吵中,部分哲学家开始转变视角,他们认为科学并非纯粹的知识,而是成为了人们改造世界的一种行动,成为了人类与世界互相建构的一种方式。在这种观点看来,前两者的错误在于将科学视为“解释世界”的工具,而实际上,科学一直在从事“改变世界”的工作。这样,人们开始呼吁从“作为知识的科学”向“作为实践的科学”转变,从“既成的科学”向“行动中的科学”转变。这种转变的根本意义在于,哲学家们的工作从最初为科学寻求某种基础转变为了描绘科学改造世界的活动,在这种视角下,科学开始具有了社会相关性,具有了政治和伦理的相关性,传统的事实与价值的二分在此发生了坍塌。在此意义上,科学、技术、社会三者之间不再彼此独立,它们共同熔铸成了技科学(technoscience)。

视角的转变,使得科学家在认识论层面上的作用开始成为一个无法忽视的问题。传统立场认为科学家仅仅是知识的发现者,他们并未给知

① 中国科学技术协会:《中国科学技术协会年鉴2011》,中国科学技术出版社2011年版,第217页。

② Steve Fuller, *The Philosophy of Science and Technology Studies*, New York: Routledge, 2006, p.1.

识提供评价标准,因此,科学家的地位就科学发现的层面上而言是重要的,但从科学评价的层面上而言又是无足轻重的。技科学的研究则为我们展现了大科学时代科学家的一种截然不同的新形象。同时,从知识向实践的转变,也为我们理解两种文化命题提供了新的思路。不管从历史还是从现实来看,两种文化之间确实有差别,但两者的彻底分裂似乎是一个假象,它是在近代二元论哲学的框架下,由信奉二元论的哲学家和科学家们共同塑造出来的。在实践视角下,两种文化命题将会呈现出全然不同的内涵。进而,从研究方法上而言,技科学并不排斥哲学,但它首先要求的是一种社会学的研究方法,因此,与传统哲学关注某些具有先验特征的抽象概念不同,科学实践哲学家们对技科学的研究则集中于关注现实生活中的物,特别是技术物,物一方面表明了科学、技术与社会之间的互构路径,另一方面也在这种互构中展现出了理解传统哲学问题的新思路。

最后,既然存在着标准的或者可以接受的科学家形象,那么,似乎也就存在着不标准的、不被人所接受的科学家形象,尽管两者之间的区分在某些情况下并非那么明显。在科学研究体制化、全球化的今天,科学不仅对社会、对人类的生存产生了重要影响,它自身内部也形成了某种形式的社会组织,因此,对这种非标准形象的分析尤为重要。科研不端行为产生的最根本原因在于科研工作者对科学评价的认识论标准和社会学标准的混淆。对科研不端行为的界定、原因分析与治理也就必须从这两个标准出发进行考察。

从当代科学实践哲学的研究来看,哲学家们似乎在打破一切界线,客体与主体、自然与社会、事实与价值、科学与文化、专家与公众之间的界线都变得模糊,于是,科学也就从单纯求真的事业,开始具有了求善的维度。进而,在我们的社会生活日益科学技术化(或技科学化)的今天,如何本着一种负责任的态度看待科学,看待科学与社会之间的关系,就成为我们每个人不得不面对的问题。

著　者

2016 年 3 月 29 日

目　录

第一章　科学与社会关系的三种模型

生活中有很多习以为常的概念,当我们不假思索甚至想当然地使用它们时,我们对此并无疑惑。当我们说"事实上"时,即在说某一事物的真实状态或某件事情的真相,然而,事实或真相是否就是我们眼睛所能看到的状态呢? 我们似乎并不关心。当法国人说"C'est la vie"(这就是生活)时,这句话中所蕴含的似乎是安慰、嘲讽或自我鼓励,但对于生活的真正含义,人们也并未虑及太多。当热恋中的人在品味着"爱情"的甜蜜时,他们丝毫不会考虑"爱情"是什么,实际上,当恋人们开始认真考虑这个问题时,这似乎意味着他们的恋情可能出现危机了。我们的生活中充斥着这样的概念,科学也是其中之一。当提及科学是人类社会千百年来积累下来的一种知识体系时,人们所表达的是科学的知识内涵;当提及我们应该按照科学的方法去行事,要"科学管理""科学运营"时,人们所强调的是科学的方法论内涵,甚至网络流行语"这不科学"也是在此意义上而言的;当提及科学是一种力量、科学技术是第一生产力时,我们表达的是科学的实用内涵,诸如此类。除却此类用法,我们还会发现在科学身上存在着一个有趣的现象,即科学是由人类提出的,但是当我们使用科学真理、客观科学等概念时,我们又取消了科学的人类印记;科学是存在于人类社会中的一种历史现象,但是我们却又不自觉地将科学与社会区分开来,以至于认为科学仅仅关心事实的领域,而与社会无关。然而,随着大科学时代的来临,科学的运行具有了强烈的社会性特征,同时它也成为了人类改造世界的最强大的力量,因此,科学与社会的关系开始进入人们的反思视野。

在科学与社会的关系问题上,主要存在三种观点:传统的二分模型、科学知识社会学的社会建构模型、科学实践哲学的技科学模型。它们在科学与社会关系问题上分别坚持割裂、从属与互构的立场。

第一节　科学与社会的二分模型

事实与价值之间的二分，是近代哲学的一个非常重要的命题。这个二分进入到科学哲学领域，就演变成了科学与社会、科学与政治的二分。这是在科学与社会关系问题上的第一种观点，也是正统的观点，许多科学哲学家和科学社会学家都坚持这种观点，如默顿的科学社会学、逻辑实证主义的科学哲学以及哲学家们对哲学与社会学的学科分工的讨论等。

一、默顿式的科学社会学

默顿是美国著名的科学社会学家，也被公认为科学社会学的创始人。斯托勒说："倘若罗伯特·K.默顿迄今为止还没有被公认是科学社会学之父，那么，至少那些熟悉这一领域的人实际上一致同意，科学社会学现在具有如此的实力和朝气，在很大程度上是默顿过去 40 年劳动的成果。他的著作为这一学科提供了主要的范式。"①默顿的学生科尔兄弟，则直接赋予默顿以科学社会学之父的地位，"他［默顿］是科学社会学之父，而且肯定是这个领域中我们自己这个研究方面的知识之父"，"［我们的工作］是站在默顿的相当坚实的肩膀上［才得以完成的］"。②

默顿式科学社会学的前提是，区分科学的知识维度与社会维度。在默顿看来，只要完成了这种区分，就可以在分析社会对科学的影响的同时，不损害科学的自主性，或者说，在推进社会学的同时又不消解认识论。科学具有社会维度，是指科学的发展要受到社会的影响；科学具有知识维度，即作为知识与理论的科学，是独立于社会的。乍一看，这似乎存在矛盾：科学既存在于社会之中，又独立于社会之外。实际上，只要牢记科学的知识维度和社会维度之间的差异，矛盾就迎刃而解了。

科学首先是一种知识性存在，它由系统化的概念、理论、命题、方法等

---

① 参见 R.K.默顿：《科学社会学》，鲁旭东、林聚任译，商务印书馆 2003 年版，"编者导言"，第 3 页。

② 乔纳森·科尔、斯蒂芬·科尔：《科学界的社会分层》，赵佳苓、顾昕、黄绍林译，华夏出版社 1989 年版，"致谢"。

构成。这种形式存在的科学是独立于社会的,因为概念的界定、理论与命题的成立、方法的适当性都是由科学自身而得到评价的,在此意义上,科学是自主的。在此,科学由其"自身而得到评价"的主要内涵是指,科学知识必须"要与观察和以前被证实的知识相一致",默顿有时也简单地将之称为"经验和逻辑"的标准。① 在他看来,这两个标准可以保证科学知识的评价独立于个体的人和集体的社会,保证它成为一项客观的、非个人的事业。

科学的社会维度是指科学的某些非本质特征,这些特征有时也会阻碍或推动科学的发展。因此,科学社会学研究的目的便是,通过研究这些非本质性特征的存在形式和发挥作用的方式,从而考察它们与科学的知识维度之间的关系,最终为科学制度的正常运转,进而为科学知识的合法生产确立社会标准。由此可见,科学社会学的主要工作是研究科学的社会运转机制。这些研究包括但并不限于以下方面。

社会主流价值取向和文化导向对科学研究的影响,因为它们"不仅引导人们走上了从事特定活动的道路,而且对人们坚定不移地献身于这种活动施加了经久不衰的影响"。② 例如,默顿指出,尽管近代英国清教主义是一种深奥的神学立场,它与科学研究没有直接关系,但是人类以它为基础所采取的行动、从中获取的动力,却实实在在地介入了科学研究,成为了推动科学前进的力量。科学家从清教主义中获得的动力主要有两个层面。第一,许多科学家研究科学是为了颂扬上帝的伟大,例如,玻意耳曾说,"用不着冒什么风险就可以认为,上帝至少在创造月下世界和那些更耀眼的星星时,他的两大目的就是彰显他的伟绩和人类之善"③,因此,用自然哲学的方式研究自然,那便是认识上帝之伟绩、认识上帝之善的体现了。第二,清教主义的另外一个特征便是将社会福利或对多数人的善行作为目标。仍以玻意耳为例,他在其临终遗言中这样说道:"祝愿他们(皇家学会的会员)在其值得称赞的致力于发现上帝杰作的真实本性的尝试中,取得令人愉快的成功;并祝愿他们以及其他所有自然真理的研究者

① R. K. 默顿:《科学社会学》,第 365、376 页。
② R. K. 默顿:《科学社会学》,第 308 页。
③ 转引自 R. K. 默顿:《科学社会学》,第 313 页。

们,热诚地用他们的成就来赞颂伟大的自然创造者,并且使人类过上舒适的生活。"培根也说过,科学具有改善人类所面对的物质条件的力量,这种力量不仅具有世俗的意义,而且,按照耶稣基督的救世福音教义来看,它也是一种善的力量。于是,在玻意耳和培根的眼中,科学研究本质上就成为了一项宗教事业。① 当然,这是科学在尚未形成自己独立的价值取向和制度规范的时候,从宗教意识形态中获取动力;时至今日,科学在获得了自足性之后,它便开始独立于其他社会制度,形成了自己独特的制度文化和社会组织模式,这便是对科学的制度结构的研究,这也是人们把默顿的工作称为制度社会学的原因。

图 1-1 《玻意耳全集》扉页上的图片

1744 年和 1772 年出版的《玻意耳全集》扉页上的图片,图片中间半身像为玻意耳,图中女性右手指天,左手指着空气泵,图片中铭文意为"由物之因而知神意"。②

除了考察主流文化或特定价值取向对科学研究的影响外,科学社会学也考察政治、经济、军事等方面的社会变量对科学发展的影响。例如,默顿指出,经济结构与科学之间存在密切的相关性,"科学与经济需求之间的关系就表现为两个方面:直接的方面,在这个意义上,人们经过深思熟虑之后,为了功利主义的目的而进行某些科学研究;间接的方面,是指某些课题,由于它在技术上的重要意义,受到人们的充分重视而被选出进

---

① 转引自 R. K. 默顿:《科学社会学》,第 317 页。

② 史蒂文·夏平、西蒙·谢弗:《利维坦与空气泵:霍布斯、玻意耳与实验生活》,蔡佩君译,上海世纪出版集团 2008 年版,第 30、32 页。

行研究,虽然科学家不一定认识到它的实际意义。"①另外一位重要的科学社会学家贝尔纳也指出了战争与科学发展之间的关系,"科学与战争一直是极其密切地联系着的;实际上,除了十九世纪的某一段期间,我们可以公正地说:大部分重要的技术和科学进展是海陆军的需要直接促成的"。②

　　此外,科学社会学家们也非常关注科学共同体的某些群体性特征,并从这种群体特征中考察科学研究的某些特点。这些特征的研究视角包括性别、年龄、师承关系、出身、所在机构等。

> 　　分层是科学社会学的一个重要研究问题。朱克曼在《科学界的精英》一书中使用了当时最新的统计资料,以科学家的声望为基础,描绘出了科学界社会分层的金字塔结构。在与科学相关的人员中,有 493 000 位美国人将自己的职业界定为科学工作者,313 000 位科学家被纳入美国科学基金会的调查报告中,184 000 位科学工作者被《美国男女科学家》收录,175 000 位科学家拥有博士学位,950 人进入美国科学院,72 人曾获得诺贝尔奖。因此,科学的这种分层现象呈现出了金字塔的结构。③
>
> 　　科学分层又与科学社会学的另外一个问题联系在一起,这就是马太效应。马太效应是指当有名望的科学家在做出某些具体贡献或引入某项科学成就时,更容易获得人们的承认,而尚未成名的科学家则困难得多。马太效应是一个现实问题,它尽管可能导致对权威的滥用,但也并非一无是处,它可以提高科学运转的效率。④

　　可见,科学的社会性特征是非常重要的,它甚至可以影响科学的一些根本性层面,甚至科学自身得以存在的合理性。那么,人们又该如何维持科学的社会性维度与认识论维度之间的分割呢?

---

　　①　罗伯特·金·默顿:《十七世纪英格兰的科学、技术与社会》,范岱年等译,商务印书馆2000 年版,第 205 页。
　　②　J. D. 贝尔纳:《科学的社会功能》,陈体芳译,商务印书馆 1982 年版,第 241 页。
　　③　哈里特·朱克曼:《科学界的精英——美国的诺贝尔奖金获得者》,周叶谦、冯世则译,商务印书馆 1979 年版,第 13—14 页。
　　④　R. K. 默顿:《科学社会学》,第 605—632 页。

二、二分模型的哲学审视

在传统科学哲学看来,科学是人类客观知识的最典型代表,既然是客观的,那么就必须与人类的主观世界、与社会保持距离。因此,科学就具有一种奇特的特征,它既是人类活动的产物,却又摆脱了人类的印记。

逻辑实证主义是科学哲学的第一个重要流派,也是科学哲学这一学科诞生的标志。在逻辑实证主义看来,科学研究的起点在事实,事实的获得主要通过中立的观察或实验,在此基础之上,借助于一定的逻辑规则,科学理论的大厦便可以客观地建立起来。在这个大厦中,主观性、社会性等都是要被客观的观察所排除的。因此,当默顿说科学知识必须坚持"经验和逻辑"的标准时,逻辑实证主义在一定程度上也就成为了默顿社会学的哲学基础。波普的证伪主义科学哲学尽管是在批判逻辑实证主义的基础上发展起来的,但它与逻辑实证主义有着很多的相似性,比如对经验和逻辑的强调等。当波普称自己的认识论为"没有认识主体的认识论"时,这种评价实际上也适用于逻辑实证主义。既然没有认识主体,那么,就是要确立一个客观知识的世界,排除主观性的影响。正如波普所说,有两种不同意义的知识或思想存在,一方面是"主观意义上的知识或思想,它包括精神状态、意识状态,或者行为、反应的意向",另一方面是"客观意义上的知识或思想,它包括问题、理论和论据等等。这种客观意义上的知识同任何人自称自己知道完全无关,它同任何人的信仰也完全无关,同他的赞成、坚持或行动的意向无关"。这种知识的最本质特征是"客观性和自主性"。因此,"客观意义上的知识是没有认识者的知识:它是没有认识主体的知识。"①

拉卡托斯和劳丹也主张为科学社会学的工作设定一个前提或划定一个界限,这个前提或界限便是,科学社会学不能触碰认识论,也就是说,科学社会学不能承担为知识下定义的任务。

拉卡托斯在讨论科学史的合理重建时指出,尽管科学史的真实发展中充满着非理性的因素,尽管科学史的合理重建都必须由"经验的外部理

---

① 卡尔·波普:《客观知识:一个进化论的研究》,舒炜光等译,上海译文出版社 2005 年版,第 126、133 页。

论作为补充"以说明这些非理性因素,或者说,"科学史总要比它的合理重建丰富",但是,"合理重建或内部历史是首要的,外部历史只是次要的,因为外部历史的最重要的问题是由内部历史限定的"。在拉卡托斯看来,外部历史也就是科学社会学家们所面临的问题,主要包括两类。一方面,"外部历史对根据内部历史所解释的历史事件的速度、地点、选择等问题提供非理性的说明";另一方面,"当历史与其合理重建有出入时,对为什么产生这种出入提供一种经验的说明"。但是,"科学增长的合理方面,要完全由科学发现的逻辑来说明。"①

　　因此,科学社会学的任务主要有两个。第一,正如上文所指出的,它主要对科学发展的某些非本质性或非认识论特征进行经验的刻画。例如,默顿认可内部历史与外部历史的区分,在谈到不同时代人们的职业兴趣时,他说:"在伯里克利斯时代,哲学和艺术吸引着十分广泛的兴趣。中世纪大部分时间里兴趣的主要焦点是宗教和神学。对文学、伦理学和艺术的令人注目的重视则是文艺复兴的一般特征。而在近现代,尤其是在过去的三个世纪里,兴趣的中心看起来已经转向了科学与技术。"如何理解这种研究导向和职业兴趣的变化呢?"显然,每个文化领域的内部历史在某种程度上为我们提供了某种解释。但是,有一点至少也是合乎情理的,即其他的社会条件和文化条件也发挥了它们的作用。"②而在 17 世纪的英格兰,人们"对科学"表现出了"持续增长的兴趣","科学变得时髦起来"③,其中的社会原因包括人口增加和城市发展、经济发展方式和经济结构的变化、社会互动的范围和类型的扩展、功利主义和现实主义的兴起、人们对进步主义的信奉、清教主义等。但是,这些社会因素,是无法进入对知识的定义之中的,它们只能说明在 17 世纪的英格兰为什么会出现对科学职业兴趣的增加,但不能说明在 17 世纪的英格兰如万有引力定律之类的科学知识为什么是正确的。

---

① 伊·拉卡托斯:《科学研究纲领方法论》,兰征译,上海译文出版社 1986 年版,第 163 页。
② 罗伯特·金·默顿:《十七世纪英格兰的科学、技术与社会》,第 30 页。
③ 罗伯特·金·默顿:《十七世纪英格兰的科学、技术与社会》,第 57、59 页。

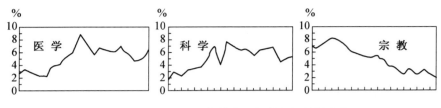

图1-2　1601—1700年英格兰初始兴趣的转移①

　　第二,在科学史上,有一些现象是哲学或认识论无法说明而必须由社会学进行说明的,这类现象便是科学发展的偏差。之所以称它为偏差,是因为在科学的正常发展中,这类现象从逻辑上来讲是不应该出现的。N射线就是一个典型的例子。1895年,伦琴发现了X射线,此后,不断有新的射线被发现。1903年,法国科学院院士、南锡大学教授布隆德劳发现了一种新的射线,为了纪念他的故乡南锡(Nancy)及其所工作的南锡大学,他将之命名为N射线。这一发现在法国科学界引起了很大的反响,甚至1904年法国科学院院刊上有关该问题的论文竟达到54篇,到1906年,至少有40人宣称"观察"到了N射线。英国、德国和美国的科学家也对N射线产生了浓厚的兴趣,但是,当他们按照布隆德劳所说的方法进行实验时,实验却无法重复。美国科学家伍德甚至说法国"似乎有存在着出现这种最难以捉摸的辐射形成所必需的、显然是特别的条件"。1904年夏,伍德到布隆德劳的实验室观摩了他的实验过程,但是当伍德最后把能够产生射线的最关键部分(一个铝制棱镜)偷偷拿掉的时候,布隆德劳却声称射线仍然存在。后来,伍德将这一过程发表在《科学》杂志上,人们对N射线的兴趣便慢慢消失了。②　在这个例子中,N射线并非科学发展到20世纪初在逻辑上的一个必然要求,它只是由于人们的失误、心理预期和民族主义情感综合而致的一个结果。既然是非逻辑的,那么,就只能用社会学来寻求其独特的社会原因了。因此,科学社会学的一个重要工作就是当科学发展出现非正常状态时,为这种非正常状态进行社会学的分析。

　　对此,哲学家劳丹指出,"只有非内在的思想,只有那些在给定情况中

---

① 　罗伯特・金・默顿:《十七世纪英格兰的科学、技术与社会》,第67页。
② 　杨建邺:《科学大师的失误》,湖北科学技术出版社2013年版,第282—287页。

并不属于由理性牢固确立起来的思想,才是社会学所要说明的合适对象",进而,"当且仅当信念不能用它们的合理性来说明时,知识社会学才可以插手对信念的说明"。① 拉卡托斯更是指出了历史书写的操作性指导,"指出历史与其合理重建之间的不一致的一个方法是在本文中叙述内部历史,而在脚注中按历史合理重现的观点指出实际历史是怎样'举止不端的'。"②

当然,对科学的非正常状态或者错误的科学进行社会学的分析,其根本目的在于找出这些现象出现的社会原因,以期从制度的层面上规范科学研究,进而减少这些非正常状态出现的可能性。其前提是不能打破社会学和认识论之间的边界。默顿后期的很大一部分工作就集中在这一领域,他称之为科学的伦理规范或精神特质,主要由普遍主义、公有性、无私利性、有组织的怀疑等构成,这些内容会在第二章中进行详细考察。

第二节　SSK 的社会建构模型

第一节的分析告诉我们,科学社会学和科学哲学之间存在一个分工,社会学家们需要处理的是科学发展的方向、速度、地点、问题选择、科学体制等,甚至为"错误的科学"寻找社会原因,而哲学家们所要处理的则是拉卡托斯所说的合理性问题,即从方法论的角度找到科学评价的标准,进而在认识论的层面上对科学进行概念界定。

这一分工是默顿传统的科学社会学家们工作的前提,但到了 20 世纪六七十年代,这一分工却遭到了一部分社会学家的反对。这就是科学知识社会学(Sociology of Scientific Knowledge,以下简称 SSK)的社会建构主义立场。SSK 兴起于 20 世纪 60 年代的爱丁堡大学,其直接的出发点就是打破社会学只能研究科学的社会特征而科学的认识论分析则只能由哲学家处理的方法论禁忌。进而,其核心立场也就是采用社会学的方法研究哲学和认识论的问题,质言之,用社会学界定科学。这代表了科学与社会关系的第二种模型。

① 拉瑞·劳丹:《进步及其问题》,刘新民译,华夏出版社 1999 年版,第 210 页。
② 伊·拉卡托斯:《科学研究纲领方法论》,第 165—166 页。

一、SSK 对二分模型的批判

SSK 产生时面临着复杂的历史背景,这一背景可以总结为三方面:斯诺对科学与人文关系的讨论所引发的两种文化命题的争论,默顿式的主流科学社会学,库恩的范式理论以及科学哲学中相对主义倾向的出现。

1959 年,英国科学家、小说家 C. P. 斯诺在剑桥大学进行了一场名为"两种文化与科学革命"的演讲。在演讲中,斯诺强调科学文化与人文文化之间已经发生分裂,两个文化群体之间也互不了解甚至互相怨恨,由此,引发了关于两种文化命题的争论。为了寻求这一问题的解决方案,1964 年,爱丁堡大学的几位年轻学者成立了一个名为"科学论小组"(Science Studies Unit)的研究中心,主要研究人员包括大卫·艾杰、大卫·布鲁尔、巴里·巴恩斯等。要理解 SSK 的立场,就必须将之放入当时的哲学背景中。

20 世纪 60 年代,默顿社会学仍然是科学社会学的主导理论。但是,随着 1962 年库恩《科学革命的结构》一书的出版,人们开始用库恩的思想对默顿的立场进行反思。库恩的工作对 SSK 而言,有两点是最为重要的。

第一,库恩打破了传统科学哲学在发现的语境与辩护的语境之间的二分。哲学家们普遍认为,科学发现的过程充满着偶然性、机遇性,因此是无法进行逻辑分析的,只能进行心理学的考察。辩护的语境则主要为科学和客观性、合理性等进行辩护。波普的著作尽管叫作《科学发现的逻辑》,但这里的科学发现并不是为人们寻求突破、找到灵感提供方法指导,而是要提供一种在不同理论之间进行选择和评价的标准。因此,在传统科学哲学中,尽管人们使用方法论一词,但它的含义并不是指科学发现的过程,而是指科学评价的机制。拉卡托斯说,"在当代科学哲学中,流行着好几种方法论;但它们都与十七世纪甚至十八世纪中人们所理解的'方法论'大不相同。当时人们希望方法论能给科学家提供一本机械的规则簿以解决问题,这种希望现在已放弃了",而"现代方法论"或者说"发现的逻辑"却是"由一些评价现成的已经明确表达出来的理论的规则组成的"。这些规则或评价体系往往还有其他的名字,如"科学合理性的理论""分界标准"或"科学的定义"。可见,拉卡托斯所说的方法论仍然属于辩护的语境,其目的在于为科学确立一个普遍的、去情境化的评价标准。因此,方法论不属于科学发现的过程,"在这些规范规则的立法范围之外,有经验心理学和发现的社会学"。① 而库恩的工作则不同,他主张打破这种二分,主张对科学哲学与科学史的关系问题进行颠覆处理。传统科学哲学强调哲学分析,首先确立合理性的标准,而后以此标准书写科学史。当拉卡托斯引用康德的话"没有科学史的科学哲学是空洞的,没有科学哲学的科学史是盲目的"②时,他实际上并不是将两者完全等同看待,他仍然认为科学哲学在逻辑上处于优先地位,因为科学史需要科学哲学为其确立编史学原则,在此基础上进行"合理重建"。因此,在传统科学哲学的著作中,科学史往往是作为哲学论点的证据出现的。库恩则颠覆了两者的关系,他认为我们应该在科学史的基础之上提出科学哲学,要让"科学观"从"科学研究活动本身的历史记载中浮现出来"。③ 库恩的这种研究给了SSK 以方法论的启示,即以经验主义、自然主义的研究方法确立科学观。

第二,库恩的范式概念表明,科学家在科学研究过程中并非完全是理性的人,科学家在面对证据时,也经常会做出某些非理性的行为,在此意义上,科学具有了信念的意蕴。例如,尽管氧化说比燃素说具有更好的解释力,但普利斯特里仍然拒绝氧化说,顽固地坚持燃素说。就如库恩所言:"科学知识就像语言一样,在本质上是一个团体的共同财产,舍此什么也不是。"④传统科学哲学和科学社会学在确立科学与社会的二分时,很重要的就是通过确立一系列规则排除了研究者个人的主观影响,最终祛除了"认识主体"。库恩的范式概念却表明,科学家对科学的态度,并不完全是对待知识的理性态度,而是将之视为了信念,因此,社会、文化、政治因素便可能会通过科学家而进入科学之中了。在此意义上,库恩的认知和技术规范,比默顿的伦理规范更为重要。

除此之外,库恩和其他哲学家的工作中也蕴含了 SSK 的两个重要哲学前提,即观察渗透理论和证据对理论的非充分决定性。这两个命题是

---

① 伊・拉卡托斯:《科学研究纲领方法论》,第 142 页。

② 伊・拉卡托斯:《科学研究纲领方法论》,第 141 页。

③ 托马斯・库恩:《科学革命的结构》,金吾伦、胡新和译,北京大学出版社 2012 年版,第 1 页。

④ 托马斯・库恩:《科学革命的结构》,第 176 页。

在科学哲学的自我批判中产生的,但科学哲学的这种自我批判却在一定程度上弱化了科学的根基。

观察渗透理论,首先由美国科学哲学家汉森提出。他说:"看是一件'渗透着理论'的事情。X 的先前知识形成对 X 的观察……没有这些语言和符号也就没有我们能认作知识的东西。"①波普也认为,"理论并不是'由于观察'而作出的发现的结果;因为观察本身容易受理论指导"②,进而可以说,"观察总是借助于理论的观察"③。库恩更加极端,"在(科学)革命之后,科学家们所面对的是一个不同的世界",因为"在科学革命的时候,常规科学传统发生了变化,科学家对环境的直觉必须重新训练——在一些熟悉的情况中他必须学习去看一种新的格式塔。在这样做之后,他所探索的世界似乎各处都会与他以前所居住的世界彼此间不可通约了。"④这会导致严重的后果,一方面,观察与理论之间的明确界线被打破,如果实验的展开、观察结果的获得受到了待检验理论的污染,那么,检验结果的客观性如何保证呢?另一方面,在更一般的情况下,观察的客观性、中立性受到了质疑,于是,传统观点所认为的中立性的观察能够为科学理论的产生提供基础,并且又为科学理论的验证提供准绳的观点就被打破了。

证据对理论的非充分决定性,这一问题有时候也被称作迪昂-奎因命题。这一命题的要旨,简单说来,就是认为同样的证据可能会支持不同的理论,那么,单从经验层面而言,人们在理论选择的问题上就无法做出断定。例如,"汤姆花费 5 美元用于买苹果和橙子,而苹果一磅 50 美分、橙子一磅 1 美元,假定仅仅可以使用演绎规则,那么这些信息对于汤姆购买了多少水果仅仅具有不充分决定性。类似地,那些规则和一条曲线上的有限点并不能充分决定这条曲线,因为通过这些点存在着很多条曲

---

① N.R.汉森:《发现的模式——对科学的概念基础的探究》,邢新力、周沛译,中国国际广播出版社 1988 年版,第 22 页。

② 卡尔·波普:《猜想与反驳——科学知识的增长》,傅季重、纪树立等译,中国美术学院出版社 2003 年版,第 151 页。

③ 卡尔·波普:《科学发现的逻辑》,查汝强、邱仁宗、万木春译,中国美术学院出版社 2008 年版,第 35 页。

④ 托马斯·库恩:《科学革命的结构》,第 94—95 页。

线。"①那么,在这些曲线之中该如何选择呢?按照库恩的思路,那便是范式提供了选择的标准。这样,理论或命题与证据之间的关系就被转变为它们与范式之间的关系。社会学就找到了进入科学的切入点。

> 当然,证据对理论的非充分决定性并不必然导致社会建构主义。拉卡托斯认为,这一命题可以分为两个层面。"按照它的弱解释,它只坚持实验不可能直接击中严格限定的理论目标,而在逻辑上有可能以无限多的不同方式来塑造科学。"而"按照其强解释,迪昂-奎因论点认为在这些不同的选择规则中不可能有任何合理的选择规则"。拉卡托斯则认为,合理的选择规则是存在的。他认为我们不应该只考虑某一理论与证据之间的关系,而是应该加入第三个维度——另外一个比较性理论。当人们说理论 A 比理论 B 更好或更进步的时候,它需要满足三个条件:它能够解释理论 B 的成功,它与理论 B 相比包含了更多的经验内容,这些超余的经验内容至少有部分得到了确证。拉卡托斯认为,这样可以切断非充分决定性命题通向相对主义的道路。②

鉴于科学哲学的上述发展,SSK 对科学社会学的学科定位以及哲学与社会学之间的分工进行了批判。

SSK 认为,默顿的科学社会学并不是真正的科学社会学,因为它并没有将社会学的方法贯彻到科学的知识维度之中。默顿通过将社会学局限在科学的制度层面,集中考察社会影响科学(非本质方面)发展的一般特征以及科学制度运转的正常规范,却规避了对科学的认识论特征的关注,从而将科学社会学变成了一种"科学家的社会学"③,或者,涉及数学,便只是"数学家的社会学"④。科学社会学之所以接受这一自我定位,是因为它接受了哲学和社会学之间的分工。而科学知识社会学家们则呼吁,"社会学可以取代以前由科学哲学家提供的许多真知灼见,并且可以

---

① Peter Lipton, *Inference to the Best Explanation*, London: Routledge, 2004, p. 5.

② 伊·拉卡托斯:《科学研究纲领方法论》,第135—136页。

③ 安德鲁·皮克林:《实践的冲撞——时间、力量与科学》,邢冬梅译,南京大学出版社2004年版,第32页。

④ 大卫·布鲁尔:《知识和社会意象》,艾彦译,东方出版社2001年版,第133页。

进一步推进这些真知灼见。"①由此,社会学才能直接面对科学知识,才能对科学的认识论内涵进行社会学的分析,进而,科学社会学也才会变成真正的科学社会学。为了强调自己与旧科学社会学的不同之处,他们自称为科学知识社会学。

在批判了这种不合理的分工之后,社会学家们提出了自己的问题。"社会学家需要一种说明,这种说明能够展示,在某个特定的经验领域中,信念是怎样通过认识和理性的过程自然地产生的"②,社会学家应该分析"在纯研究共同体中存在的各种社会因素,如何影响到了科学知识的发展"。③

可以看出,SSK 与传统科学哲学的问题有了很大的不同。传统科学哲学将科学视为知识,因此他们所要解决的就是知识的基础问题,而SSK 则将科学视为信念,因此他们所要考察的就是信念的传播问题。出发点的不同将两者引向了不同的方向。知识的基础问题将科学哲学引向了对科学的客观性、合理性等问题的考察,在此视角下,科学成为脱离了情境的普遍知识,因此,哲学分析和逻辑论证就成为了其合适的工作方法。信念的传播与分布问题则将 SSK 引向了对信念的可接受性及其影响因素的考察,由此而言,科学成为了分布于特定群体中的信念,因此,社会学的经验考察和社会分析方法就再合适不过了。正如社会学家们所言,他们所要做的是对作为"自然现象而存在的知识"进行社会学的经验研究,因此,他们的任务不再是费力不讨好地去"界定真理这个概念",而是关注"人们用真理这个概念做什么,以及符合这个概念实际上是怎样发挥作用的"。④

可以看出,社会学家们的研究任务与哲学家们的有了很大的不同。哲学家们经常使用先验的方法对科学的应然状态进行分析,而社会学家们则往往采用经验方法或者历史方法研究科学的实然状态。简单来说,就是从辩护的语境转向了发现的语境,转向了科学发现的"黑箱"。"黑箱

---

① 大卫·布鲁尔:《知识和社会意象》,"中文版作者前言",第1页。
② 巴里·巴恩斯:《科学知识与社会学理论》,鲁旭东译,东方出版社2001年版,第10页。
③ 迈克尔·马尔凯:《科学社会学理论与方法》,林聚任等译,商务印书馆2006年版,第51页。
④ 大卫·布鲁尔:《知识和社会意象》,第4、55—56页。

论"是怀特利的观点,在其 1972 年的论文中,他认为在当时的科学社会学研究中,科学知识被视为一个黑箱;面对这样一个黑箱,人们只能看到其输入和输出,而无法看到这中间的具体过程。因此,怀特利要求以一种科学知识的社会学来打开这一黑箱,来分析被传统社会学所黑箱化的这一过程。①

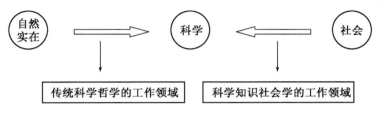

图 1-3　传统科学哲学与 SSK 在核心问题上的不同

对于传统科学哲学而言,其主要问题在于为科学与自然之间的符合关系提供辩护;而 SSK 的主要问题在于揭示科学是如何被社会性地建构起来的。

二、社会建构主义的哲学审视

SSK 只是一个笼统的说法,它又包含许多不同的研究流派,如爱丁堡学派、巴斯学派等。但这些流派的基本立场是一致的,都认为科学从其本性上而言是一种社会产物,进而,科学的客观性、合理性也不过是社会利益和主导价值观的延伸。

爱丁堡学派提出了著名的强纲领(Strong Programme),这一纲领包含四个重要原则:

因果性:它应当是表达因果关系的,也就是说,它应当涉及那些导致信念或者各种知识状态的条件。当然,除了社会原因外,还会存在其他的、将与社会原因共同导致信念的原因类型。

---

① Richard Whitley, "Black Boxism and the Sociology of Science: A Discussion of the Major Developments in the Field", *Sociological Review Monograph*, 1972, 18(51), pp. 61-92.

公正性：它应当对真理和谬误、合理性或者不合理性、成功或者失败，保持客观公正的态度。这些二分状态的两个方面都需要加以说明。

对称性：就它的说明风格而言，它应当具有对称性。比如说，同一些原因类型应当既可以说明真实的信念，也可以说明虚假的信念。

反身性：从原则上说，它的各种说明模式必须能够运用到社会学本身……它显然是一种原则性的要求。①

强纲领的四个原则与其自然主义方法论结合在一起，产生了一种强相对主义的科学观。

SSK 称自己的方法是自然主义，他们说，"在过去的十年间，在科学史领域……所发生的一个最为显著的改变，也许就是它日益不拘一格，日益自然主义。"②但他们并未对自然主义给出明确的界定。自然主义的最基本含义是强调"认识论与科学之间的连续性"，或者说，"认识论可以在科学范围内展开，成为科学的一部分"。因此，"自然主义者拒绝将认识论视为'第一哲学'，也就是说，拒绝将它视为一种具有自治性的事业，否认它优先于其他的一切考察方式并为这些考察方式提供规范。"③

可以看出，自然主义具有两方面的内涵，一是方法论的，二是认识论的。从方法论层面而言，自然主义要求研究者采取一种中立的立场，一方面，它指向经验主义的研究方法，这时它与传统哲学的先验分析相对；另一方面，它指向描述性的自我定位，这时它与传统哲学的规范性相对。在此意义上，SSK 呼吁，社会学家应该抛弃传统科学哲学对于科学之"绝对特征或者超验特征""合理性、有效性、真理，抑或是客观性"的讨论。由此而言，"认识论成为了一项彻底描述性的事业……关于信念，它不再扮演

① 大卫·布鲁尔：《知识和社会意象》，第 7—8 页。
② Barry Barnes & Steven Shapin, *Natural Order：Historical Studies of Scientific Culture*, London：Sage, 1979, p. 9.
③ James Maffie, "Naturalism, Scientism and the Independence of Epistemology", *Erkenntnis*, 1995, 43(1), pp. 1 - 2.

一个批判—评价性的角色……"①;它只关心科学在社会中的实际运行过程,不再关心科学是否为真理,是否具有客观性等,因为这些问题正是其描述主义的方法论所要拒绝的。

不过,当认识论不再扮演一个"批判—评价性"的角色时,这立刻就会引出其认识论层面的内涵。社会学家巴恩斯这样自我评价,"这本书通篇都是自然主义的……事实上确实如此,对文本的自然主义看法将我们引向这样一种断言,即所有的知识形式在社会学上都是等值的。"②于是,SSK 获得了这样的评价:"建构主义的自然主义在知识的合法性与非法性问题上保持中立态度。"③在这种立场下,为知识下一个哲学的定义是不可能的,因为"社会学家所关注的是包括科学知识在内的、纯粹作为自然现象而存在的知识","与把知识界定为真实的信念……不同,对于社会学家来说,人们认为什么是知识,什么就是知识",知识一词"专门表示得到集体认可的信念"。④ 于是,所有的知识就都具有了认识论上的平等性,进而,社会学家就无须按照以前的分工来从事那些边缘性的工作了。既然知识成为了集体持有的信念,那么,作为一种自然现象,作为一种信念的自然科学,是如何取得了相对于其他现象、其他信念的特殊地位的呢? 或者说,是什么造就了科学在知识生产中的唯一性呢? 这自然不是因为科学是与众不同的,是客观的,因为这正是 SSK 所要否定的。SSK 的任务是去揭示人们为什么会相信科学能够提供更准确的描述,去分析科学是如何与其他知识生产形式区分开来的。这样,问题就发生转变了,

---

① James Maffie, "Recent Work on Naturalized Epistemology", *American Philosophical Quarterly*, 1990, 27(4), p. 285.

② Barry Barnes, *Interests and the Growth of Knowledge*, London: Routledge & Kegan Paul, 1977, "Introduction", ⅷ.

③ Dick Pels, "Karl Mannheim and the Sociology of Scientific Knowledge: Toward a New Agenda", *Sociological Theory*, 1996, 14(1), p. 33.

④ 大卫·布鲁尔:《知识和社会意象》,第3—4页。柯林斯甚至更加激进地认为,"事实上看到了一个飞碟,相信某人看到了飞碟和创造出了一个飞碟之间,并没有什么操作性的区别"。但是需要指明的一点是,布鲁尔等人将知识等同于集体持有的信念,这并不是说科学知识就与神话、宗教毫无差别,相反,这是人们对 SSK 的一个普遍误解。"强纲领的拥护者当然不会说科学还不如神话更真实,事实上,这是它明确拒绝的看法。他们的立场是两者的真实性,在某种意义上说同样都是成问题的。"参见 H. M. Collins & Graham Cox, "Recovering Relativity: Did Prophecy Fail?" *Social Studies of Science*, 1976, 6(3/4), p. 437;大卫·布鲁尔:《社会建构拒斥科学吗?——三万英尺上空的相对主义》,郑玮译,《江海学刊》2007年第5期,第16页。

即由为什么科学能够提供更准确的描述,转变为人们为什么相信科学能够提供更准确的描述。这样,确切地说,知识社会学就成为了一种信念社会学。由此,"科学社会学只不过是文化社会学中一个典型的专业领域"。①

在自然主义的基础之上,强纲领的四个原则特别是前三个原则就非常容易理解了。公正性要求的是公平对待正确的科学与错误的信念、合理性与不合理性等,这实际上打破了科学所要求的独特的认识论地位。对称性要求用同一原因同时说明真实的和虚假的信念,而传统科学哲学对待两者的态度是不对称的,因为它将真实的信念交给了自然,科学凭借与自然本真状态之间的符合而获得科学的地位;但是,它却将虚假的信念交给了社会,它们由于受到偶然的社会因素的影响而被认定为非科学(想想 N 射线的例子)。SSK 坚持,社会学家应该用同一种原因来说明真与假这一二分状态的两个方面。那么,该采取什么样的说明方式呢? 这便是因果性的说明。因果性排除拉卡托斯式目的论模式,它认为,科学并没有一个目标,而只有原因。因为如果科学是有目标的,那么研究者的任务便是为科学是否达成这一目标寻求评价标准,这便是哲学家的工作,而如果(作为信念的)科学是有原因的,那么,研究者所要做的便是去寻找导致这些信念的具体因素了。当然,SSK 认为,除了社会原因之外,还存在其他"导致信念的原因类型",但在 SSK 的著作中,研究者们的结论却都将这些原因指向了社会,自然被排除。

在自然主义和上述四个原则的基础之上,科学成为了一种社会产物。布鲁尔指出,在科学实验中,有时人们表面上会看到理论与实在之间存在符合关系,但事实上,这只是理论与其自身之间的符合关系,而且理论与理论之间的符合关系只能在磋商的基础之上达到;即便在逻辑或者数学中,社会磋商仍然具有决定性作用。例如,对三段论或者演绎推理而言,表面上看,人们似乎是从一个普遍性的全称命题推论出特称命题,但实际上,尽管这一过程具有演绎性,作为其前提的全称命题却并不是演绎而来的,它是人们通过归纳而获得的,因此,演绎推理根本上仍然是归纳推理。这种归纳的基础依然是社会磋商,而磋商背后则是社会利益,这样,科学就成为了社会或者利益的建构物。

① 巴里·巴恩斯:《科学知识与社会学理论》,第 57 页。

SSK 的社会建构主义立场遭到了很多学者的批判。这些批判主要集中在以下方面。

第一，SSK 的核心立场可以归结为社会建构科学。但是，一方面，SSK 对社会是什么，并没有进行非常清晰的说明，而只是非常含糊地使用社会、利益、磋商等概念，于是批评者反而要求将 SSK 的社会分析方法同样运用于社会概念自身；另一方面，SSK 片面强调社会，而弱化或忽视了自然，例如柯林斯曾说，"自然界在科学知识的建构过程中，起很小的作用，甚至不起作用"①，这也引起了人们要求自然以一种新的方式重新回到科学的呼吁。拉图尔、卡隆等人就强调，尽管"对称性原则仍然是本领域［科学论］大多数工作的基础"，但是，"在我们的研究领域的不断发展中，'社会'解释的想法已经过时了"②，"与自然相比，社会并不愈加明显，也不愈少争议，既如此，社会解释也就没有任何坚实的基础"③。

第二，SSK 主张社会建构了科学，但问题是社会如何建构科学。与第一点批判相联系，SSK 早期大多坚持宏观解释框架，在这一框架中，社会作为一个宏观概念成为了科学的决定性因素。但问题在于，宏观的社会是如何通达微观的科学实践的？例如，社会学家科尔指出，社会建构论者关注的是"特定科学问题的实际解决过程"，然而，"在建构主义的所有文献之中，都找不到甚至一个例子来支撑他们的这种科学观"。④ 常人方法论学者林奇也指出，强纲领说"科学知识是由社会语境所'决定'的"，但是这样一种表达方式并不是非常清晰的，它也没有展示出"一个团体的集体性理解"是"如何影响历史进程的"。⑤

① 转引自 Thomas F. Gieryn，"Relativist/Constructivist Programmes in the Sociology of Science：Redundance and Retreat"，*Social Studies of Science*，1982，12(2)，p. 287.

② Bruno Latour，*The Pasteurization of France*，Cambridge, Mass. ：Harvard University Press，1988，p. 256.

③ Michel Callon，"Some Elements of a Sociology of Translation：Domestication of the Scallops and the Fishermen of St Brieuc Bay"，in John Law（ed.），*Power，Action and Belief：A New Sociology of Knowledge*，London：Routledge & Kegan Paul，1986，p. 199.

④ Stephen Cole，"Voodoo Sociology：Recent Developments in the Sociology of Science"，in Paul R. Gross，Norman Levitt & Martin W. Lewis（eds.），*The Flight from Science and Reason*，New York：the New York Academy of Science，1996，p. 278.

⑤ Michael Lynch，*Scientific Practice and Ordinary Action*，Cambridge：Cambridge University Press，1993，pp. 75 – 76.

第三,SSK 混淆了知识的可信性问题和知识的基础问题。SSK 认为,对称性所要求的并不是所有知识都是同等程度的真实或者虚假,就如科学与巫术不可能等同一样,而是说所有知识就其可信性而言都是有原因的。可见,他们的目标是论证知识的可信性是社会建构的,这只能说明人们对科学的信任是社会建构的,并不能得出科学是社会建构的。

第四,与第三点相关,如果科学是社会建构的,那么,SSK 面临一个重要问题,即科学是如何获得其效力的。科学的有效性,或者说"科学的成功",一直是相对主义面临的一个难题。"索卡尔事件"的主角、美国物理学家索卡尔就向相对主义者质疑:如果你们认为物理学定律只是一些社会约定,那么,相对主义者们是否敢从其公寓(索卡尔住在 21 楼)的窗户跳出去来突破这些定律呢?[①] 显然,索卡尔所要质疑的正是相对主义与有效性的共存性问题。

第五,反身性问题。反身性要求 SSK 的结论也要适用于其自身,那么,SSK 也就成为了社会建构之物,就此而言,SSK 的合法性又如何获得呢?

第六,SSK 方法论的合法性问题。SSK 在论证自己方法的合理性时,强调他们采取了与自然科学一样的方法。布鲁尔的说法非常具有代表性。他主张在社会学研究中采用科学的立场,这些科学的立场包括"是诉诸因果关系的、理论性的、价值中立的、时常是还原论的、在某种程度上是经验主义的,而且归根结底是唯物主义的",其目的在于"把社会科学尽可能紧密地与其他经验科学的方法联系起来",进而,"只要像研究其他科学那样研究社会科学,一切事情就都可以做好"。[②] 可见,在布鲁尔等社会学家看来,SSK 方法论的合理性恰恰来自科学的独特性,但这种独特性又被 SSK 的结论(科学是社会建构之物)所消解,这样,其方法论的合理性也就消失了。

第七,在实际操作中,自然主义所要求的中立原则或者说陌生人原则是很难达成的。SSK 在批判传统科学哲学时大多将观察渗透理论极端

---

① 艾伦·索卡尔、德里达等:《"索卡尔事件"与科学大战:后现代视野中的科学与人文的冲突》,蔡仲、邢冬梅等译,南京大学出版社 2002 年版,第 58 页。
② 大卫·布鲁尔:《知识和社会意象》,第 250 页。

化为观察由理论所决定,进而由社会所决定。但是,SSK 的自然主义观察是否也存在理论的渗透呢?

第三节 科学实践哲学的互构模型

SSK 的上述问题,使得 SSK 不仅遭到了传统哲学家和社会学家的激烈反对,而且其内部也开始出现反对声音。早期认同 SSK 立场的社会学家如拉图尔、皮克林、伍尔迦、劳等人都开始质疑 SSK 的某些立场。20 世纪 90 年代以后,SSK 内部开始分化出一种对科学实践进行哲学考察的新取向(如拉图尔、皮克林等),他们与具有类似取向的哲学家如劳斯、哈金等人,共同构成了科学实践哲学的阵营。在科学实践哲学看来,科学与社会之间既不是二分关系,也不是后者消解前者的关系,而是一种互构关系。

一、科学与社会的互构

与 SSK 相比,科学实践哲学的最大特点就是对科学的概念进行了改造。SSK 的基本立场是"社会建构科学",在第二节的讨论中,我们已经看到人们对这一立场的主语和谓语所进行的批判。实际上,这一立场中的宾语也遭到了人们的批评。皮克林对此做了如下总结,要"删除社会建构中的 K,是因为在新的科学图景中,主题是实践而不是知识;删除第一个 S,是因为在对科学实践和科学文化的理解中无须赋予社会性因素以致因优势"。[①] 皮克林的立场可以总结为从作为知识的科学向作为实践的科学的转变。拉图尔也呼吁转变 S&TS 的研究对象,要从"科学的世界步入研究的世界"[②],要从"既成的科学"转向"制造中的科学",也就是说,科学实践哲学的研究不再仅仅关注以知识形式存在的科学,更关注作为改造世界、重构社会关系之力量的科学。注意到了科学的这种现实内涵,科学社会学的研究重点也就转变为了对科学与社会之间的互动、互构

---

① Andrew Pickering, "From Science as Knowledge to Science as Practice", in Andrew Pickering (eds), *Science as Practice and Culture*, Chicago: University of Chicago Press, 1992, p. 14.

② 布鲁诺·拉图尔:《我们从未现代过》,刘鹏、安涅思译,苏州大学出版社 2010 年版,"中文版序言"。

模式的考察。

概念简介:SSK,Science Studies,ST&S,S&TS

SSK 指的是科学知识社会学。Science Studies 是 SSK 在爱丁堡大学开始出现时研究者们所在的研究中心的名字,同时,社会学家们也用其来指代自己的研究方式,这样,Science Studies 就具有了与 SSK 类似的内涵。也有很多学者主张将科学哲学、科学史等纳入 Science Studies 中,于是,Science Studies 就成为了一种综合性的、跨学科的研究领域。当然,也有学者坚持主张科学哲学和 Science Studies 是不一样的。Science Studies 或 SSK 最初的研究对象主要是科学,到了 20 世纪 80 年代中期,人们开始把研究对象扩展到技术上,主张从社会角度对技术进行考察,这样 Science Studies 就演变为了 Science and Technology Studies,简称 STS。在此意义上,SSK、科学实践哲学都属于 STS 的范围。但是为了与默顿早在其博士论文《十七世纪英格兰的科学技术与社会》(1938 年发表)中所使用的 STS 即 Science Technology and Society 相区分,人们开始分别将这两个 STS 标识为 S&TS 和 ST&S。例如,康奈尔大学有一个院系名为"Department of Science & Technology Studies",这里指的便是 S&TS。不过,由于一个院系或者研究中心的名字都是具有历史传承的,所以很多学校虽然目前仍存在着以"科学、技术与社会"所命名的研究所或研究中心,但并不代表他们的研究就必然是默顿意义上的。

对各个概念的上述分析仅仅是在一般意义上而言的,在很多学者的著作中,由于立场的差异或论战的需要,这些概念的内涵与外延会有很大的不同。

在科学实践哲学看来,尽管默顿社会学在科学与社会关系上坚持了二分立场,而 SSK 则将科学委身于社会,但实际上,两者之间仍然具有一个相同之处,即它们所讨论的都是认识论问题,只不过一方主张区分认识论和社会学,而另一方则主张用社会学消解认识论;但在本体论的意义上,双方都坚持了自然与社会之间的二分。在实践哲学看来,正是这种二分的存在,导致了 SSK 自然主义方法的不彻底。

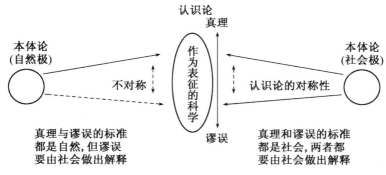

图 1-4　传统科学哲学与 SSK 的科学观

科学实践哲学阵营认为,自然主义的方法论内涵主要体现为彻底的描述主义。也就是说,研究者在对科学进行考察的时候,既要坚持强纲领所说的对称性原则,即平等看待正确的科学与错误的科学,同时也要坚持一种扩展了的对称性原则,即平等看待自然和社会,既不能用自然作为科学的基础,也不能将社会塑造为科学的原因。可以看出,强纲领的对称性主要是认识论的,而科学实践哲学的对称性则主要是本体论的。当然,对称性并不是科学实践哲学的出发点,因为它并不是其方法论的起点,这一起点是描述主义。

描述主义的方法论是与科学实践哲学的形而上学立场结合在一起的。从古希腊以来,哲学家们就认为现象世界是变动不居的,而在这个多变的世界背后存在着一个真实的、本质的世界,它是永恒的。近代以来,自然哲学开始从科学中分化出来而成为科学,但科学思维实际上与哲学类似,它也试图寻求纷繁复杂的物理世界背后的客观规律。而社会学同哲学和科学的思维方式也是一样的,"物理学寻求隐藏在流动的生活经验中的永恒的冷酷规律。社会学具有同样的追求,但追求的是人类存在的永恒规则。这是一种超验的方式,它同样是一种权力,动机是发现控制世界的隐藏力量。"①实践哲学家们则普遍对现象世界背后的东西不感兴趣,现象世界之后是否存在一个本质性的、基础性的因而也是隐蔽性的世界？他们大多对此持不可知论立场,如拉图尔和皮克林。他们感兴趣的是科学在现实世界中得以展现的过程。如果关注点只在这一过程之中而

---

① 　安德鲁·皮克林:《实践的冲撞——时间、力量与科学》,"中文版序言",第1—2页。

不在其上或者其下,那么,描述主义就是最好的方法了。拉图尔将此方法称为"追随行动者",如其所言,当社会学家进行案例研究时,"如果我们打开当时的科学文献,我们就会发现那些故事已经为我们界定好了谁是主要的行动者,它们发生了什么事情,它们经历了什么样的考验"。我们不需要"事先"进行任何界定。[1] 因此,描述主义的本质是不要以研究者的立场来规定研究对象,而应该在研究对象的基础之上建构自己的立场。

　　显然,这种描述主义立场,规避了传统的自然实在论或社会实在论,前者将科学的基础确立为自然,后者则将科学奠基于社会。这两种实在论的前提是主客二分的二元论哲学。但是,绝对的、抽象的主体与客体都是具有超验性的,是无法在直接经验的基础上获得的。因此,科学实践哲学一般都会抛弃二元论立场,皮克林称自己的立场为后二元论、后人类主义,拉图尔自称经验哲学,科学史家达斯顿则将这一新立场称为应用形而上学,其目的都在于规避传统形而上学对本质性的寻求,从而将自己的研究任务界定在经验领域。拉图尔的一幅漫画很好地说明了这一点。

图 1-5　科学实践哲学的方法论立场[2]

　　拉图尔、卡隆、阿克什等人共同创立了行动者网络理论。但在这个名字提出十几年之后,拉图尔认为这一名称并不是非常恰当,原因之一就在于,理论是一个非常糟糕的词汇,因为它会让人们误认为行动者网络理论能够为大家提供某种理论立场和分析框架。实际上,行动者网络理论的最根本含义是方法论的,即不做任何预

①　Bruno Latour, *The Pasteurization of France*, p. 9.

②　Bruno Latour, *Reassembling the Social：An Introduction to Actor-network Theory*, Oxford：Oxford University Press，2005.

设地追随行动者。行动者网络理论英文名为 actor-network theory，简称 ANT。作为一个单词，ant 在英语中是"蚂蚁"的意思。由此而言，拉图尔这幅漫画的意思是，行动者网络理论的研究者都像蚂蚁一样是弱视的，只能看到极短距离内的东西，它绝对不具有全景敞视的能力。因此，作为方法论隐喻的蚂蚁，只能给大家提供一种研究方法，是不会提供结论的。

以此为方法论，科学实践哲学指出，自然或社会不仅不是科学的前提，恰恰相反，它们都是科学的结果。如何理解这一点呢？在前两种观点看来，作为科学之前提和评价标准的自然或社会，必定是先在于科学的。例如，传统人们会说科学家发现了某一科学定律或科学实体，意思就是说，某一定律或者实体本身真的存在于世界之中，不管人们是否发现了它们，它们就只是在那里存在着，社会对它没有影响。现在，某些科学家发现了它们，但是这种发现对它们本身以何种方式存在并无影响。或者，人们会说科学的定律或实体是否存在、以何种方式存在都是在一定范式内得到评价的，而范式又是与社会利益、权威、修辞等结合在一起的。它们是否真的以科学家所描绘的那种方式存在，这不是一个自然问题，而是一个社会问题，自然对此并无太大的发言权。[①] 在科学实践哲学看来，科学研究的真实过程并不是这样。他们的互构模型可以分为以下两个层面。

在科学研究的过程之中，科学、自然和社会是纠缠在一起的，我们无法分出彼此的边界。例如，夏平和谢弗在对玻意耳和霍布斯有关真空争论的历史考察中指出，玻意耳在建构科学事实的过程中使用了三种技术，物质技术用以建造和操控空气泵，书面技术可以将实验过程传达给未能直接见证实验之人，而社会技术则是指实验哲学家在讨论、思考知识时所使用的惯例与约定。这三种技术是相互纠缠、无法分开的。例如，实验能否作为知识的来源呢？霍布斯认为不行，他认为实验具有多变性，不能作

---

① 当然，SSK（社会建构主义）并不是说科学家们在凭空捏造科学、臆想科学，科学家确实做了实验，收集了数据，如此等等，只不过，这些实验和数据的意义要在一定的社会标准内才能得到评价。同样，SSK 认为科学具有社会偶然性和社会建构性，但这并不是说科学就是任意的，并不是说只要被利益共同体所选定就能成为科学；偶然性并不等同于任意性。很多人在批判 SSK 时很容易混淆这一点。

为知识的基础,而实验哲学家们则认为可以,而且,这种实验必须是为大家所见证的实验,他们对证人的认定、见证的程序等也都确立了相关规定。"在实验实作中,保证见证(者)增衍的方式之一,就是在社会空间中执行实验",进而,实验哲学家的公开实验也就成为了与炼金术士的私密实验之间的最大区别。当然,这个社会空间也是有边界的,设定边界的原则是它要能够保证空间内共识的达成。同时,因为空气泵实验非常昂贵,它绝对是那个时代的"大科学"了,因此,很少有人能够担负足够资金以重复这一实验,在玻意耳空气泵实验之后的 10 年内,世界范围内所能找到的空气泵装置一共只有 4 套。在这种情况下,如何快速增加证人的范围,就是一个迫切需要解决的问题。因此,玻意耳发明了一种新的书写技术。他制定了科学论文的书写规则,例如言辞冷静谦虚,避免华丽辞藻以增加其可信度,对成功和错误的实验都加以记录以给读者带来中立性的印象,耗费巨资刻制有关实验装置的雕版以通过图片形式再现实验过程,所有这些都是为了使那些未见证实验之人相信玻意耳真的做了实验,真的得到了如其所说的实验结果,同时也是为了帮助他们了解如何重复玻意耳的实验。可以看出,在事实的生产、认定与传播的过程中,这三项技术都是密不可分的。①

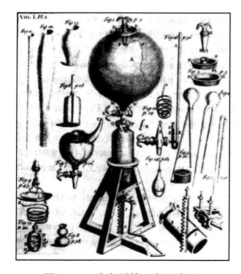

这是一幅版画,玻意耳为了达到更好的表达效果,耗巨资为之刻了复杂的雕版。

图 1-6　玻意耳第一部空气泵

---

① 史蒂文·夏平、西蒙·谢弗:《利维坦与空气泵:霍布斯、玻意耳与实验生活》,第 23—74 页。

同时，自然和社会也在科学研究的过程中被改变。当然，这里的自然与社会，绝对不是前文皮克林批判过的深层的物理学或社会学规律。在科学实践哲学看来，自然和社会都必须在经验层面上成为可见的，由此，哲学上的先验概念就被改造为了社会学意义上的经验现象。拉图尔对巴斯德的案例研究为我们提供了一个很好的例子。炭疽病是发生在牲畜身上的一种病，但在巴斯德之前，这种病是什么呢？在它的定义中，牲畜、农民、农场、卫生专家、统计学家甚至卫生部长都占有一席之地；但在巴斯德之后，它的定义被完全改变了，它成了由炭疽杆菌所导致的一种病。于是，一个新的要素炭疽杆菌出现了。那么，炭疽杆菌的所指是什么呢？传统人们会认为某一术语的内涵是从它所反映的对象中获得的。在拉图尔看来，情况并不是这样，因为在巴斯德的研究完成之前，在他的理论被接受之前，细菌的存在都是有争议的，更不用说细菌能从它所指称的对象中获得含义了。那么，细菌一词的含义来自哪里呢？拉图尔认为，它来自巴斯德的实验操作。如果人们问巴斯德细菌是什么，巴斯德不会简单地拿出某一物体，然后指着说它感染了细菌；他会向人们解释，细菌具有哪些特性，这些特性可以在何种实验操作中被确认。因此，细菌所代表的是一系列实验操作。

在这一过程中，自然和社会都在发生着变化。因为巴斯德和他的疫苗的介入，传统自然与社会之间的稳定结构被打破，在这一打破过程中，科学、自然、社会都得到了重构。自然的稳定性被打破，原来的自然是什么样子？它处在由细菌、动物（牛）、农场、农民、卫生专家等所组成的网络中，在这个网络中，细菌处于最高层，它能够决定动物的生死、决定农场和农民的命运；而现在呢，一切力量都被颠倒过来，经过巴斯德的工作，一切力量都被加强，除了细菌，它们反而处在了力量的最弱者的地位。科学的稳定性被打破，在此之前，一边是在实验室内存在的结晶学研究，一边是千百年来未有过大变化的卫生学，而巴斯德却将结晶学的实验室研究方法与卫生学结合起来，从而创造出了一个新的微生物学，在此意义上，拉图尔说，对卫生学家而言，时间已经是不可逆转的了。社会的稳定性被打破，原先由（农场里"野生"的）细菌、农民、卫生专家、物理学家、化学家、农业部长等组成的社会网络，现在必须为巴斯德（"细菌驯养人"）和他的细菌（在实验室里经过改造的细菌和疫苗）留出位置。因此，在此意义上完全可以说,科学、自然和社会都获得了重构。

严格来说,将科学、自然、社会这三个词分开表述是不合适的,因为这会给人们带来一种印象,它们三者是各自独立的。实际上,这三个概念处在一个相互纠缠、彼此界定的网络之中。因此,S&TS 的学者们现在经常使用技科学(technoscience)一词来代替 science,因为前者表明了科学、技术、社会之间的一体化存在状态。

二、互构模型的哲学审视

从上述分析可以看出,互构模型尽管以科学、自然与社会的关系为讨论对象,但它实际上具有很强的哲学指向。

在哲学观上,互构模型是一种实践模型,它反对传统的自然—社会二元论立场。传统的二分模型和社会建构主义模型都坚持这种二分,一方面,只有在这种二分的基础之上,实在论的分析框架才能成立,不管这种实在论是自然实在论还是社会实在论;另一方面,它们对自然和社会的理解仍然是互斥的,即自然是属物的,社会是属人的。互构模型认为,自然与社会之间的二元分割是不成立的,因为在现实中两者通过彼此的互构不断地改变着自己的边界,在此意义上,纯粹的自然和纯粹的社会都不存在。进而,自然和社会的超越性、先验性就被改造为了实践中人类因素与非人类因素的建构性和经验性。这进一步赋予了自然和社会以一种新的定义。与超越自然对应的实在、客体,被改造为与实践相对应的物,甚至物的定义也不再是某种实指性的和实质性的存在,物的此类形象仅仅是一种假象,因为它遗忘了物是通过艰辛的实践过程而被构造出来的。这一模型实际上消解了自然与社会、物与人之间的二元论,主张物与人都是实践的建构物。可见,尽管 SSK 也强调对实践的研究,但是由于他们将实践视为社会进入科学的中介,因此,它最多是一个社会学概念,并不具有哲学内涵;而在互构模型中,一切概念都要在实践的基础上得到界定,在此意义上,实践才真正成为了一个哲学概念。

在认识论上,既然传统观点预设了自然与社会的二分,那么他们的工作就变成了在这一二分之间是否存在一座桥梁。自然实在论者认为桥梁是存在的,即科学,而社会建构主义者则认为这一桥梁完全是语言游戏。

前者能够解释科学的成功,因为它把科学归结为世界的某种本质结构,这种解释具有逻辑合理性,但不具有现实合理性和历史合理性。就现实层面而言,由于证据与理论关系的复杂性,我们无法得知科学是否与这种本质结构之间存在必然关联;就历史层面而言,它无法解释科学的替代性发展。后者可以解释科学的替代性发展,因为科学的替代可以被解释为范式或社会结构的替代,但它无法解释科学效力的来源,"科学的成功"便成为对它的一个主要反驳。而互构模型则主张,一切问题都应在实践中、在各种要素的相互作用中考察,进而,它开始将认识论改造为一个实践的、本体论的问题,这样它便能够将科学的上述三种合理性结合起来。坚持互构模型的实践哲学家们认为,不能讨论总体的科学有效性,因为有效性都是具体的,而当我们具体谈论某一科学命题时,它的有效性来源于科学实践的过程,而不是隐蔽的自然或社会结构。举例而言,当我们面对科学家们所写的有关巴西某一地区雨林和草原之间界线变化问题的一篇论文时,如果我们问,论文中的结论为何会成立,科学家不会说论文是正确的,它反映了自然的本真面貌,因为这相当于什么都没有说。科学家会跟我们说,论文是建立在严格的数据分析基础上的,这些数据都在论文之中。如果我们接着问,数据来自哪里?他会将一个土壤比较仪拿出来,并说数据是从对土壤样本的分析中真实获取的。如果我们接着质问土壤比较仪的合理性,科学家会向我们讲述他们当初按照一定的规则在雨林和草原交界地区打上标记,在一定深度取出土壤样本,然后按照科学惯例将样本放入比较仪之中的过程。可以看出,论文的效力来自从雨林与草原、土壤样本、土壤比较仪、数据到文本所组成的这样一个指称链条之中,正是这一链条的合理性保证了科学的合理性。如果这一链条断了,那么,科学的合法性、有效性都会丧失。在此意义上,科学的有效性与相对性的问题在一定程度上得到统一。

然而,有效性问题还有另外一个维度。在科学身上似乎存在着一个矛盾,科学知识总是在地方性的情境如实验室中被制造出来的,但它们最终却又走出实验室仿佛具有了普遍性。自然实在论和社会实在论不仅无法完整解释有效性的来源,更无法解释有效性的扩展。而坚持互构模型的实践哲学则认为,科学既是地方性的,因为它的有效性奠基于地方性的情境之中,同时它又是普遍的,但这种普遍性不再是无条件的普遍性,因为科学的普遍有效必须伴随其地方性情境的扩展。例如,巴斯德的炭疽疫苗大大降低了牲畜的死亡率,因此德国人和意大利人都来向巴斯德学习,但是,疫苗在意大利却没有发挥作用。原因在于,德国人不仅学会了制造疫苗,更学会了对农场进行清洁、整理、消毒等工作程序,而意大利人却忽视了这些。因为这些工作实际上将农场改造为了一个准实验室,而这个准实验室的存在恰恰是疫苗有效性的基础。正如拉图尔所说,科学就像是火车,只要有铁轨,它就可以开到世界上任何角落。因此,科学是地方性的,这不是说它依赖于某种文化范式或社会结构而存在,而是说它具有实践路径的依赖;科学同样是普遍的,但这种普遍性并非毫无限制,而是立足于具体情境的有条件的普遍性。

在科学观上,互构模型反映了从沉思科学观向行动科学观的转变。当哲学家们反思科学的时候,他们所反思的仅仅是科学、知识、理论,而实验、行动以及与世界的互动都被忽视了。这样一种表征科学观,哈金借用杜威的观点称之为"旁观者知识论"。[1] 社会建构主义同样如此,他们仍将科学视为表征,而后为此类知识性的存在寻求外在根基。然而,"哲学的最终仲裁者不是我们如何思考,而是我们去做什么"。[2] 实践哲学呼吁打破"行动与思考的错误二分",要从"表征"走向"干预",走向科学研究的真实过程,并在这种真实过程中重新界定传统哲学的诸多概念。在此意义上,科学不再是我们沉思世界进而认识世界本质的知识工具,它成为我们与世界打交道的行动。科学观上的这种转变,实际上是消解认识论与本体论之分界的一个结果。如果将科学视为知识,那么,必然涉及知识的基础问题,这就陷入了传统实在论与反实在论的无解争论之中;如果将科学视为行动,那么,知识与本体之间的二元分割就被规避,进而哲学家的任务就不再是为知识寻求根基,而是展现科学的行动过程、人类与非人类物质世界的互构过程。

---

[1] 伊恩·哈金:《表征与干预》,王巍、孟强译,科学出版社 2011 年版,第 104 页.
[2] 伊恩·哈金:《表征与干预》,第 25 页.

本章小结

在科学与社会关系问题上,存在三种主要观点。一种认为科学与社会之间是绝对二分的,科学关乎事实,社会关乎价值,事实与价值是截然二分的。一种认为科学与社会之间并不存在本质差别,科学仅仅是社会的一个子集,科学的运转与人类社会的其他领域并无二致。这两种观点的共同前提在于,科学是一种知识,它所代表的是人类对世界的沉思,只不过第一种观点认为这种沉思可以通达自然,而第二种观点则认为这种沉思仅仅是社会结构的逻辑后承。

第三种观点主张改变对科学的界定,科学不再是纯粹的知识。人们之所以会认为科学是一种知识,一方面因为人们是从教科书中了解科学的,教科书中的科学是对科学发展的一种逻辑重构;另一方面因为作为知识生产的最终产物的科学论文,实际上仅仅代表了科学研究的结果,当科学研究完成之后,科学研究的过程就成了一个黑箱,这使得我们忘记了科学也是通过艰辛的劳动生产出来的,忘记了科学必须扎根于它得以产生的实验室情境。在此意义上,人们主张将科学视为一种行动,视为人类与自然之间进行结构重组的工具。照此思路,哲学家们的问题就不再是为知识寻求某种先验的根基,而是描绘出自然—社会网络中的科学,科学不仅是自然相关的,也是社会相关的。于是,事实与价值的二分法在此意义上坍塌了。

■ 思考题

1. 你认为科学真的能够独立于社会之外吗?

2. 科学社会学主张以社会学、人类学等方法研究科学,这种研究能够被视为一种哲学吗?

3. 谈谈你对技科学这一概念的理解。

■ 扩展阅读

赵万里.科学的社会建构:科学知识社会学的理论与实践.天津:天津

人民出版社,2002.

蔡仲.后现代相对主义与反科学思潮:科学、修辞与权力.南京:南京大学出版社,2004.

希拉·贾撒诺夫等.科学技术论手册.盛晓明,孟强,等,译.北京:北京理工大学出版社,2004.

第二章　科学家的职业形象

当提及科学家一词时,人们多少会觉得有一些神秘,因为科学家的工作似乎与普通人的生活相隔甚远,因此,电影作品特别是科幻电影中也才不断涌现出各种各样的科学家的形象,他们大多是中年男性,外表普通,对科学多少有些偏执,少数科学家为了科学研究可能会罔顾社会伦理规范甚至法律,诸如此类。当然,影视作品必然展现科学家不同寻常的一面,因为平淡无奇的科学家形象必定难以吸引观众。

图 2-1　爱因斯坦的一张照片

这张照片拍摄于 1951 年 3 月 14 日,在一场纪念爱因斯坦寿辰的活动之后,由摄影师亚瑟·萨斯拍摄。

图 2-2　影视作品中的爱因斯坦

电影《爱因斯坦与爱丁顿》中的一张照片,按电影表述,这张照片拍摄于爱丁顿对广义相对论的验证之后。可以看出,这张照片是以 1951 年的照片为原型的。显然,这只是电影为增强表现力而对历史事实进行的艺术加工。

很多人可能有过这样的经历,小时候经常会被老师问及理想,也经常会碰到类似的作文题目,这时相当一部分人都会选择科学家作为自己将来的理想职业。当然,这里的科学家在小朋友心中仍然是模糊的,至于科学家是什么样的人,主要做什么,孩子们并不清楚。不过,这从另一个侧面表明了科学家是一种社会认可度比较高的职业。美国社会学家巴伯在著作中引用了一项由两位社会学家进行的调查,这项调查的主要内容是对 90 种职业的社会评价,其中与科学相关的职业获得了人们较高的认可度,这些职业包括医生(第 2 位)、学院教授(第 7 位)、科学家(第 9 位)、政府科学家(第 12 位)、建筑师(第 16 位)、化学家(第 17 位)、核科学家(第 21 位)、心理学家(第 23 位)、土木工程师(第 84 位)、生物学家(第 30 位)。可以看出,科学及其相关职业的社会信誉是非常高的。当然,这其中也反映出另外一个问题,学院教授和科学家的信誉要比其他的专业科学家(医生除外)高,原因在于学院教授和科学家这两个概念比较抽象,人们一看到这样的词就会联想到满头白发、埋头科研、不问世事的形象,而化学家、核科学家等则会给人带来一种印象,当下社会的很多问题都是由这些人导致的,因此声誉要低于一般意义上的科学家。①

当人们对某些伟大的科学家进行描绘时,也会挖空心思,用尽自己可能想到的美好词汇。爱因斯坦在纪念居里夫人的演讲中写道:

> 她[居里夫人]的坚强,她的意志的纯洁,她的律己之严,她的客观,她的公正不阿的判断——所有这一切都难得地集中在一个人的身上。她在任何时候都意识到自己是社会的公仆,她的极端的谦虚,永远不给自满留下任何余地。由于社会的严酷和不平等,她的心情总是抑郁的。这就使得她具有那样严肃的外貌,很容易使那些不接近她的人发生误解——这是一种无法用任何艺术气质来解晓的少见的严肃性。一旦她认识到某一条道路是正确的,她就毫不妥协地并且极端顽强地坚持走下去……
>
> 居里夫人的品德力量和热忱,哪怕只要有一小部分存在于

---

① 伯纳德·巴伯:《科学与社会秩序》,顾昕等译,三联书店 1991 年版,第 122—123 页。

欧洲的知识分子中间，欧洲就会面临一个比较光明的未来。①

　　徐迟在他的报告文学中为我们描绘了潜心科学、不问世事，甚至可以为科学而献身的陈景润的形象，

　　　[陈景润]一心一意地搞数学，搞得他发呆了。有一次，自己撞在树上，还问是谁撞了他？他把全部心智和理性通通奉献给这道难题的解题上了，他为此而付出了很高的代价。他的两眼深深凹陷了。他的面颊带上了肺结核的红晕。喉头炎严重，他咳嗽不停。腹胀、腹痛，难以忍受。有时已人事不知了，却还记挂着数字和符号。他跋涉在数学的崎岖山路，吃力地迈动步伐。在抽象思维的高原，他向陡峭的巉岩升登，降下又升登！善意的误会飞入了他的眼帘。无知的嘲讽钻进了他的耳道。他不屑一顾；他未予理睬。他没有时间来分辩；他宁可含垢忍辱。餐霜饮雪，走上去一步就是一步！他气喘不已；汗如雨下。时常感到他支持不下去了。但他还是攀登。用四肢，用指爪。真是艰苦卓绝！多少次上去了摔下来。就是铁鞋，也早该踏破了。

　　　……他就像那些征服珠穆朗玛峰的英雄登山运动员，爬呵，爬呵，爬呵！而恶毒的诽谤，恶意的污蔑像变天的乌云和九级狂风。然而热情的支持为他拨开云雾；爱护的阳光又温暖了他。他向着目标，不屈不挠；继续前进，继续攀登。战胜了第一台阶的难以登上的峻峭；出现在难上加难的第二台阶绝壁之前。他只知攀登，在千仞深渊之上；他只管攀登，在无限风光之间。一张又一张的运算稿纸，像漫天大雪似的飞舞，铺满了大地。数字、符号、引理、公式、逻辑、推理，积在楼板上，有三尺深。忽然化为膝下群山，雪莲万千。他终于登上了攀登顶峰的必由之路，登上了(1＋2)的台阶。②

---

①　阿尔伯特·爱因斯坦：《爱因斯坦文集》（第1卷），许良英等编译，商务印书馆2012年版，第475—476页。

②　徐迟：《徐迟文集》（第3卷，报告文学），作家出版社2014年版，第243—244页。

　　爱因斯坦和徐迟为我们描绘出了两位伟大科学家的光辉形象。当然，在一般的意义上，当人们联想到科学的不同形象时，也会赋予科学家以不同的形象。当科学被视为进步的代名词时，科学家就成为这种进步的推动者，如科学史家萨顿所言，"科学家找麻烦只是为了我们的最终幸福"，"没有科学家，人类就会完全停顿而且退化"。① 当人们注意到科学在真实的历史过程中呈现出一种替代性发展的模式时，科学家真理占有者的身份便被真理探求者态度所取代，正如科学哲学家波普所言："造就科学家的不是他之拥有知识、不可反驳的真理，而是他坚持不懈地以批判的态度探索真理。"② 当科学被视为超越于国界、种族、宗教的普遍知识体系的时候，科学家也就获得了科学的这种客观中立的特征，于是，正如巴斯德所言，"科学家有祖国，科学无国界"③，又如爱因斯坦所言，"追求真理的学者不会考虑到战争"④。

　　尽管科学家在今天是一个尽人皆知且颇受尊敬的职业，但"科学家"（scientist）一词的出现，也仅仅是 19 世纪的事情。缘何如此呢？原因就在于早期的科学工作者，在职业身份上，并不专门以科学研究为生，相反，他们大多拥有其他的甚至与科学无关的职业。例如，哥白尼的职业身份是教士，普利斯特里同样也是在教会工作的，拉瓦锡尽管拥有科学院的头衔，但科学研究并没有为他提供收入，反而他要用从包税公司获得的收入来支持自己的化学研究，最后也因为这一职业身份在法国大革命中丧生。对这些人来说，科学研究仅仅是一种业余爱好。"有天赋的业余者形象及其科学爱好与这层意思并不相符。业余者的理想是一个受过博雅教育的人的理想，科学是他的业余爱好——既是智识的娱乐又是博爱的消遣，他自命为学富五车的低调绅士，在不违背这一自命的前提下，他

---

　　① 乔治·萨顿：《科学史和新人文主义》，陈恒六、刘兵、仲维光译，华夏出版社 1989 年版，第 46 页。

　　② 卡尔·波普：《科学发现的逻辑》，第 254 页。

　　③ 转引自 R. K. 默顿：《科学社会学》，第 367—368 页。

　　④ 阿尔伯特·爱因斯坦：《爱因斯坦文集》（第 1 卷），第 411 页。不过，爱因斯坦后来也改变了这一观点，他说，"科学家对政治问题——在较广泛的意义上来说就是对人类事物——应当默不作声"的观点是错误的。参见阿尔伯特·爱因斯坦：《爱因斯坦文集》（第 3 卷），许良英等编译，商务印书馆 2012 年版，第 133 页。

会把绝大多数时间花在科学上。"①正是在此意义上,巴伯评价说:"除了在近几百年内,科学在很大程度上一直是专心于其他工作的职业角色的副产品,而不是由技术观测设备来检验的普遍性概念框架之发展的副产品。"②从16世纪到18世纪,那些伟大的科学家们,都是典型的科学研究的业余爱好者。他们的工作热情也仅仅体现在对作为业余爱好的科学的研究中,但这并不是一种职业热情。因此,他们经常不得不靠其他手段谋生。这一时期的科学家,要么凭借自己的职业收入来支持科学研究,要么为自己找一位慷慨的赞助者,因为科学研究无法为他们带来直接的收入。

然而,到了19世纪,科学家正式成为一种职业,不过,此时的科学研究还是高度分散的,大量工作都是由个体的、独立的科学家完成的,科研机构的规模也普遍较小。职业科学家的出现,使得人们注意到,应该为作为一种社会现象而出现的、以科学研究为生计的这些人寻求一个称谓。英国哲学家惠威尔仿照 artist 一词,创造了 scientist 这一名称。

惠威尔在《归纳科学的哲学》一书中写道:"因为我们不能用physician(医生)来描述物理学上的耕耘者,我将其称为 physicist。我们迫切需要一个总括性名称来描述科学上的耕耘者,我倾向于称其为scientist。就像艺术家是一位音乐家、画家或者诗人,我们也可以说科学家是一位数学家、物理学家或者博物学家。"③

于是,科学家就成为了作为一种社会建制和社会文化所出现的科学的最直接的代言人。随着科学在人类社会影响的不断扩大,人们开始关注科学家这一群体,并对这一群体的职业特点进行了各种视角的分析。科学家应该是什么人和科学家在现实中是什么人,这是两个不同的问题。马克斯·韦伯、罗伯特·默顿、布鲁诺·拉图尔等人分别从这两个视角为我们描绘了科学家的不同形象。

---

①　罗斯:《"科学家"的源流》,张焖译,《科学文化评论》2011年第6期,第6页。

②　伯纳德·巴伯:《科学与社会秩序》,第81页。

③　转引自罗斯:《"科学家"的源流》,第12页。

第一节　作为真理探求者的科学家

马克斯·韦伯是德国著名的社会学家,罗伯特·默顿是美国著名的科学社会学家,这两位学者都对科学家的职业素养和职业形象进行了社会学的分析。马克斯·韦伯更侧重基于传统科学概念对科学家进行分析,而默顿则更侧重从社会建制的角度考察科学家的职业素养。

一、韦伯:自律型的科学家

1919年,马克斯·韦伯在慕尼黑大学面向青年学生做了两篇演讲,其中一篇就是《以学术为业》。在这篇演讲中,韦伯从几个角度考察了成为一名科学家所应该具有的几方面的基本素质。[1]　具体而言:

1. 科学家需要接受专门化的训练

近代科学发展的一个典型特征就是,学科分化越来越细,这就使得一方面,自然科学的学习者在其受教育过程之中,所接受的就是专门化的训练,物理系的学生要接受物理的学科训练,化学系的学生要接受化学的学科训练,甚至到了研究生阶段,即便是同一系科的不同方向的学生,也会接受迥然相异的专业训练。另一方面,科学家们要想在某一领域中做出突出贡献,也必须在一个专业化的领域中工作,如韦伯所言,"无论就表面还是本质而言,个人只有通过最彻底的专业化,才有可能具备信心在知识领域取得一些真正完美的成就。"韦伯甚至说:"凡是涉足相邻学科的工作,——我这类学者偶尔为之,像社会学家那样的人则必然要经常如此——人们不得不承认,他充其量只能给提出一些有益的问题,受个人眼

---

[1]　韦伯此篇演讲的题目是 Wissenschaft als Beruf。Wissenschaft 在德语中的含义比较丰富,除了指代在英语中一般意义上的 science 之外,凡是以追求系统知识为目的的认知活动,德国人都可以称之为"某某科学",进而,艺术科学、文化科学等说法也就成为德语中的习惯用法。在此意义上,它类似于中文所说的"学问"。不过,公认的看法是,韦伯在此演讲中对该词的使用,大多情况下都是在"自然科学"的意义上进行的。Beruf 一词在德语中,除了中文所说的为生存而从事某项工作的"职业"含义之外,还有一层并不十分常用的更崇高的含义,即"天职",在韦伯的语境中,它更代表了对"科学的献身精神"、科学的"终极价值关怀"等层面的含义。这更代表了韦伯对科学的看法。参见马克斯·韦伯:《学术与政治:韦伯的两篇演说》,冯克利译,三联书店1998年版,第49—50页。

界的限制,这些问题是他不易想到的。个人的研究无论怎么说,必定是极其不完美的。只有严格的专业化能使学者在某一时刻,大概也是他一生中唯一的时刻,相信自己取得了一项真正能够传之久远的成就。"①当然,当下的科学发展有时似乎会呈现出另外一种状态,即重要的科学成就有时候会在学科交叉的地方出现,不过,这与韦伯所言并不矛盾,因为即便是交叉学科的出现与发展,仍然需要研究者在各自的领域中打下坚实的专业根基。甚至是在科学社会学这样的学科领域中,如果想要做出公认的学科成就,那也需要研究者在社会学、科学或者哲学中至少打下一个学科的坚实基础。英国社会学家安德鲁·皮克林的《建构夸克》一书,能够在科学社会学界产生重大的影响,也正是得益于皮克林扎实的物理学功底和社会学功底(皮克林在伦敦大学和爱丁堡大学分别获得物理学博士学位和社会学博士学位)。科学社会学家尚且如此,那就更不用说纯粹自然科学领域中的研究者了。

专门化的训练是成为科学家的一个必要条件,但在韦伯看来,这并不是一个充分条件,要成为一位能够做出突出贡献的科学家,必须具备其他方面的诸多素养。当然,在当下的教育中,韦伯所讲的一些素养,在一定程度上缺失了,至少在很多学校的课程设置中是缺失的。

2. 科学家要对科学充满热情

科学家要拥有对科学的热情,没有了热情,便失去了科研的动力。韦伯说,科学家必须坚信"你生之前悠悠千载已逝,未来还会有千年沉寂的期待",要认为自己的学术志向是"前无古人,后无来者"的。

在很多科学家身上,我们都能够发现这种痴迷于科学的热情。阿基米德被刺杀之前,正着迷于几何的证明;陈景润由于思考问题太投入,以至于撞到树之后却跟树说对不起。达尔文在评价自己的工作时,也指出了热情对于科学研究的重要性。"根据我所能作出的判断,作为一个科学家,我的成功,不管它有多大,是取决于种种复杂的思想品质和能力状态的。其中最为重要的是:热爱科学;在长期思考任何问题方面,有无限的耐心;在观察和收集事实资料方面,勤奋努力;还有相当好的创造发明的本领和合理的想法。确实使人惊异的是:像我所具有的这些中等水平的

---

① 马克斯·韦伯:《学术与政治:韦伯的两篇演说》,第23页。

本领，竟会在某些重要问题上，对科学家们的信念，起了相当重要的影响。"①

3. 科学研究需要灵感和悟性

由于科学研究是创造性的工作，它要求科学家们做出的成就必须是前人所未曾做出的，因此，这就更加需要灵感与悟性。韦伯批评了当时年轻人的一种看法，这种看法认为科学研究仅仅是一个计算问题，仿佛是可以在工厂里面批量生产出来的，"是在实验室或统计卡片索引中制造出来的"，因此，科学研究所需要的就仅仅是"智力而不是'心灵'"。韦伯认为，这种看法不仅反映出人们对工厂或实验室的无知，更反映了对科学的无知。在韦伯看来，计算仅仅是科学的先决条件之一。"没有哪位社会学家，即使是年资已高的社会学家，会以为自己已十分出色，无须再花上大概几个月的时间，用自己的头脑去做成千上万个十分繁琐的计算。如果他想有所收获，哪怕最后的结果往往微不足道，若是把工作全都推给助理去做，他总是会受到惩罚的"，但是，"如果他的计算没有明确的目的，他在计算时对于自己得出的结果所'呈现'给他的意义没有明确的看法，那么他连这点结果也无法得到"。就比如一位数学家，如果只是在书桌上放把尺子、一台计算器或其他什么设备，认为这样就可以得出有科学价值的成果，这在韦伯看来是十分幼稚的。

当然，灵感在一定程度上是可遇而不可求的。如韦伯所言，"想法的来去行踪不定，并非随叫随到。的确，最佳想法的光临……是发生在沙发上燃一支雪茄之时，或像赫尔姆霍兹以科学的精确性谈论自己的情况那样，是出现在一条缓缓上行的街道的漫步之中，如此等等。总而言之，想法是当你坐在书桌前绞尽脑汁时不期而至的。"②

学术研究灵感的来临确实带有偶然性，不过，这种偶然性有时候是以勤奋和热情的工作为基础的。人们在讲到科学研究中的机遇时，通常会提到巴斯德的一句话，"在观察的领域中，机遇只偏爱那种有准备的头脑"。因此，尽管机遇是带有偶然性的，但是真正起作用的是对机遇的解

---

① 达尔文：《达尔文回忆录》，毕黎译注，周国信修订，上海远东出版社 2007 年版，第 108—109 页。

② 马克斯·韦伯：《学术与政治：韦伯的两篇演说》，第 24—26 页。

释,机遇仅仅是提供了机会,科学家所要做的就是抓住这些机会。在伦琴发现 X 射线之前,已经有其他科学家注意到了这一现象,但他们却将之归结为其他的偶然原因,只有伦琴深究下去,最终发现了 X 射线。弗莱明发现青霉素,同样也源于其对偶然性机会的把握。面对机遇,只有仔细观察、细致思考,才可能抓住。贝弗里奇对此评价说,"有时,机遇带给我们线索的重要性十分明显,但有时只是微不足道的小事,只有很有造诣的人,其思想满载着有关论据并已发展成熟适于作出发现,才能看到这些小事的意义所在。当头脑中充斥着一大堆有关的但却又无紧密联系的材料,以及一大堆模糊概念的时候,一件小事可能有助于形成某种使之清澈的概念,将它们联系起来。"①

4. 科学家要为科学而科学

当惠威尔提出科学家一词之后,在科学界并没有得到很好的响应。反对者的主要理由是,使用 scientist 来指代科学研究人员会使得人们将科学家与那些以知识为赚钱工具或者为寻求某种现实应用而研究科学的人联系起来。因此,在传统教育体制下成长起来的科学家尤其是那些上层科学人士如赫胥黎、开尔文勋爵等人,大多反对使用该词。特别地,当后来这个词在美国被接受之后,英国上层人士更是反对使用该词,因为他们认为在文化上英国应该是美国的老师,而非相反。因此,从该词被提出一直到 1910 年左右,谨慎的英国学者最多只是在口语中使用,而在正式的论文或著作中都仍然沿用 man of science 或者 savant 等词。例如,在《牛津英语大词典》1888 年至 1914 年的书名页上都写着如下语句:"(本书得到)许多学者和 men of science 的帮助。"②

显然,人们对科学家一词的反对,是与科学的含义联系在一起的。科学起源于古希腊哲学传统中的自然哲学。但是,古希腊的哲学特别是自然哲学在本质上具有很强的反实用倾向。如亚里士多德所言,"古今来人们开始哲理探索,都应起于对自然万物的惊异;他们先是惊异于种种迷惑的现象,逐渐积累一点一滴的解释,对一些较重大的问题,例如日月与星的运行以及宇宙之创生,作成说明……他们为求知而从事学术,并无任何

---

① 贝弗里奇:《科学研究的艺术》,陈捷译,科学出版社 1979 年版,第 37—38 页。

② 罗斯:《"科学家"的源流》,第 15 页。

实用的目的。这个可由事实为之证明：这类学术研究的开始，都在人生的必需品以及使人快乐安适的种种事物几乎全都获得了以后。这样，显然，我们不为任何其他利益而找寻智慧；只因人本自由，为自己的生存而生存，不为别人的生存而生存，所以我们认取哲学为唯一的自由学术而深加探索，这正是为学术自身而成立的唯一学术。"①在亚里士多德看来，哲学研究必须出于人类纯粹的好奇心，这才是一种真正自由的学术，当然，这里的哲学，其中的很大一部分就是今天的科学。这也正是古希腊科学与东方科学之间的差异，"东方人发展的科学知识和技术成就主要为的是实用的目的和宗教的需要，只有希腊人首先试图给出理性的理解，试图超越具体个别的现象进入一般的认识。这正是希腊思想的特质，也是希腊人对人类文明独特的贡献。"②古希腊科学传统的这一特征，往往被人们总结为"为科学而科学"的学术态度。

很多科学家的工作都体现着古希腊的这一信条，在爱因斯坦对很多科学家的评价中，都可以看到这一点。评价牛顿时，爱因斯坦说，牛顿的一生是"为寻求永恒真理而斗争的"一生。在评价马赫时，他说，"他对观察和理解事物的毫不掩饰的喜悦心情，也就是对斯宾诺莎所谓的'对神的理智的爱'。如此强烈地迸发出来，以致到了高龄，还以孩子般的好奇的眼睛窥视着这个世界，使自己从理解其相互联系中求得乐趣，而没有什么别的要求。"对于其好朋友普朗克，爱因斯坦在他的追悼会上说道："即使在我们这样的时代，政治狂热和暴力像剑一样悬在痛苦和恐惧的人的头上，可是我们追求真理的理想的鲜明旗帜还是高举着。这种理想，是一条永远联结着一切时代和一切地方的科学家的纽带，它在麦克斯·普朗克身上体现得最完满。"爱因斯坦将科学家的科研工作总结为，"科学是为科学而存在的"，因此，科学家也就成为了为科学而从事科学研究的人。③正如齐曼对纯科学家的描述所言，"纯科学家，从字面的本意上看，应该是指业余爱好者。她沉迷于研究的游戏中，满脑子想的是为知识添砖加瓦，别无他求。她的纯粹性是精神的。她志存高远，置世俗的考虑如获奖或

---

① 亚里士多德：《形而上学》，吴寿彭译，商务印书馆 1959 年版，第 5 页。
② 吴国盛：《科学的历程》，北京大学出版社 2002 年版，第 58—59 页。
③ 阿尔伯特·爱因斯坦：《爱因斯坦文集》（第 1 卷），第 548、127、605、410 页。

者谋利什么的于不顾。"①

韦伯对科学的看法秉承了这一传统,如其所言,"可以十分肯定地说,在科学领域,假如有人把他从事的学科当做一项表演事业,并由此登上舞台,试图以'个人体验'来证明自己,并且问'我如何才能说点在形式或内容上前无古人的话呢?'——这样一个人是不具备'个性'的。"但是,韦伯指出,尽管"如今我们在无数场合都能看到这种行为,而无论在什么地方,只要一个人提出这样的问题,而不是发自内心地献身于学科,献身于使他因自己所服务的主题而达到高贵与尊严的学科,则他必定会受到败坏和贬低。"

因此,如果出于纯粹实用的目的来研究科学,或者更广义地说,出于技术的目的而从事科研,尽管这在道德上无可指摘,其意义也仅仅是对使用者而言的。对于科学家来说,"他若是确实想为自己的职业寻求一种态度,那么这会是一种什么样的个人态度呢?他坚持说,自己是'为科学而科学',而不是仅仅为了别人可借此取得商业或技术上成功,或者仅仅是为了使他们能够吃得更好、穿得更好,更为开明、更善于治理自己。"②

如果科学家只是"为科学而科学",那科学的意义又何在呢?这就涉及了对科学的进步性的讨论。

5. 科学家要有创新精神

一般认为,科学是一项进步性的事业,因此,科学研究中非常重要的一点就是创新精神,因为创新是进步的最重要的体现。韦伯指出,科学工作与艺术工作的一个差别就是,"科学工作要受进步过程的约束,而在艺术领域,这个意义上的进步是不存在的"。真正完美的艺术品是无法被超越的,因此也就绝对不会过时,而科学则是意味着被超越,"一个人所取得的成就,在10年、20年或50年内就会过时","每一次科学的'完成'都意味着新的问题,科学请求被人超越,请求相形见绌。任何希望投身于科学的人,都必须面对这一事实",因此,"我们不能在工作时不想让别人比我们更胜一筹","这是科学的命运,当然,也是科学工作的真正意义所在"。

---

① 约翰·齐曼:《真科学——它是什么,它指什么》,曾国屏等译,上海世纪出版集团2008年版,第30页。

② 马克斯·韦伯:《学术与政治:韦伯的两篇演说》,第26—28页。

科学家们这种希望被超越、希望相形见绌的愿望，来自对科学进步性的信仰。"从原则上说，这样的进步是无止境的。"韦伯借托尔斯泰的著作对此进行了进一步讨论。死亡对文明人而言是没有意义的，因为文明人的生命是被放在了无限的进步这一征途之中的，而这样的征途是不可能有终结的。就个体而言，"对于精神生活无休止生产出的一切，他只能捕捉到最细微的一点，而且都是些临时货色，并非终极产品"，因此，"在进步征途上的文明人，总是有更进一步的可能。无论是谁，至死也不会登上巅峰，因为巅峰是处在无限之中。"①科学研究的创新性要求，就是来自科学的这种无限进步的可能性。

除此之外，韦伯也还讨论了科学与政治的关系。他指出，不管对老师还是对学生来说，政治都是不属于课堂的。因为政治价值的渗透，会使得科学家丧失对科学中的观察与事实的客观判断。如其所言，"一名科学工作者，在他表明自己的价值判断之时，也就是对事实充分理解的终结之时。"②

韦伯对科学家的讨论，实际上源自他对科学的理解。在他看来，科学是一项以追求进步为目标的理性事业，因此，科学家的一切工作也应该以此为目标。对科学传统理解的强调，使得韦伯塑造出了一种自律型的科学家，在这种科学家的形象之中，科学家不仅要接受专门化的训练，而且更需要热爱科学，拥有学术研究的灵感和悟性，具有为科学而科学的纯粹精神，并以创造性为自己工作的准则，最后，科学家也要自动地与政治、与价值判断划清界限，从而保证自己科学研究的客观性。

与韦伯的这种向内的讨论相比，默顿对科学的讨论，则转向科学家的外部，从科学共同体的角度提出了对科学家个体的道德要求。

二、默顿：他律型的科学家

如果说韦伯关注的是作为知识体而存在的科学，那么，默顿所关注的就是作为一种社会体制而存在的科学。这样，他们所关注的科学家的形象也就会产生差异。正如科尔兄弟所说，"科学在传统上被看成是一项孤

---

① 马克斯·韦伯：《学术与政治：韦伯的两篇演说》，第29—30页。
② 马克斯·韦伯：《学术与政治：韦伯的两篇演说》，第36—38页。

单的事业。科学上最伟大的人物的名字,例如牛顿和爱因斯坦,使人想象到一副科学家个人正在单枪匹马地解决那些重大而又令人吃惊的问题的画面。""居里夫妇在巴黎的寒冷公寓里工作的情景是对进行伟大发现的环境的真实写照。的确,在不久以前,即使是学识渊博的观察家也认为科学发展在很大程度上(或者全部)可看成是科学发现的结果,这些发现是由一些独自在实验室里工作的天才们做出的。科学家是单独工作的并且只与自然界发生互动,以前某些科学史家可能一直持有上述看法,但今天得到普遍承认的是,科学是在一个互动的科学家的共同体内发展的。"①

科学当然是一种知识,而且是一种以自然为对象、以数学和逻辑为工具的特殊类型的知识,但是,科学知识的生产是否存在一定的规范?科学知识的评价是否需要一定的标准?科学知识的继承是否需要一定的反思?这些都反映了科学的社会性特征。简单来说,科学既是一种试图超脱社会俗务的超越性的知识,又是一种在社会中运行并拥有自己独特的运转机制的社会体制。因此,关注科学的知识层面并不足够,我们还需要从社会角度去考察"社会中的科学"所应该具有的那些特征。默顿的工作为我们提供了从社会建制角度反思科学的一个很好的例证。

默顿并非一开始就意识到要从制度性规范或者精神特质的角度研究科学的,在其博士论文的第五章,默顿着重考察了英国清教运动对科学的推动作用,这种作用从两个方面体现出来:一是为了彰显上帝在创造世界时的伟大,因此认识世界也就是认识上帝、爱上帝的体现;二是为了社会福利,即以多数人为目标的善行,这既是一种科学意义上的善,也是宗教意义上的善。② 可以看出,默顿在此时所关注的是社会中的主导价值观对科学的影响,也即表明了"带有先验内容的非逻辑型概念,却可能会对实践行为产生相当大的影响"。③ 1938 年,在《科学与社会秩序》一文中,默顿提到了科学的精神特质的概念,尽管只是在一个脚注之中。他初步提出了科学的精神特质的概念内涵,"科学的精神特质是指用以约束科学家的有感情色彩的一套规则、规定、惯例、信念、价值观和基本假定的综合

---

① 乔纳森·科尔、斯蒂芬·科尔:《科学界的社会分层》,第 1—2 页。

② 对此的详细讨论可参见第一章。

③ R.K.默顿:《科学社会学》,第 309 页。

体。"①在 1942 年发表的《论科学与民主》一文中,默顿正式对科学的精神特质进行了详细的界定,并考察了这种精神特质所特有的四种规范。这篇文章后来以《科学与民主的社会结构》为题收入默顿的《社会理论与社会结构》中,后又以《科学的规范结构》为题收录于《科学社会学》一书之中。这显然表明了,默顿对科学的社会学考察,开始"从价值观转向了规范,或者说从人们如何确定世界的意义和他们在世界中的角色,转向了这样一些规则,依据它们,人们组织其互动以便把这个更大的角色扮演好"。②

在默顿看来,近代科学在其产生之初,更多地表现为知识的形式,因此,如其所言,"三个世纪之前,科学制度几乎还提不出任何自主的要求社会支持的理由,这时自然哲学家们同样也可能证明:科学是实现文化上合法的经济效用目的和颂扬上帝的手段。对科学的追求在那时并无自明的价值。"但是,随着科学越来越与社会交织在一起,一方面,科学的世俗化特征已经占据主导地位,另一方面,特别是随着 20 世纪国家对科学研究的干预,甚至出现纳粹和苏联所代表的"国家社会主义对科学的压力,为了分析这种抵制的社会文化基础"③,默顿开始引入对科学规范的讨论。这种规范尽管在一定程度上可以被视为一种方法论的准则,但他所要考察的并不是具体的科学方法,而是约束科学方法的惯例,是方法论的"道德上的规定",而不是"技术上的权宜之计"。④

因此,科学的精神特质,其概念内涵就是"约束科学家的有情感色彩的价值观和规范的综合体"。这种科学规范以规定、禁止、偏好和许可的方式表达出来,并通过这些方式调整着科学家的科研行为。它们借助于制度性的价值而获得合法地位,"这些通过戒律和儆戒传达、通过赞许而加强的必不可少的规范,在不同程度上被科学家内化了,因而形成了他的科学良知,或者用近来人们喜欢的术语说,形成了他的超我。"⑤当然,这种精神特质并非明文规定,它们更多是科学家们的一种道德共识。

---

① R. K. 默顿:《科学社会学》,第 350 页。
② R. K. 默顿:《科学社会学》,第 350 页。
③ R. K. 默顿:《科学社会学》,第Ⅷ页。
④ R. K. 默顿:《科学社会学》,第 365 页。
⑤ R. K. 默顿:《科学社会学》,第 363 页。

　　这一点实际上很容易理解。人生活于社会之中,其社会角色赋予了他们以某些特殊的道德规范。因此,社会中的某些特殊群体,由于其工作环境的差异(不仅是自然的,也包括社会的、人文的),就需要遵守某些特殊的道德准则。就如作为学生,为了维持学校正常的教学和科研秩序,他们需要按时上课,遵守课堂纪律,爱护学校公物等,而作为科学家,为了维持科学研究的正常进行,他们同样也需要遵守特定的准则。这种准则就是默顿所说的科学规范。

　　可以看出,遵守规范的目标是为了保持某种正常的秩序。默顿规范的遵守,其目的是实现科学的"制度性目标",这种目标就是"扩展被证实了的知识"。可以看出,默顿的社会学是以认识论为最终目标的。在默顿看来,要达成这一目标,科学家需要遵守以下四个标准:普遍主义、公有性、无私利性、有组织的怀疑态度。

(一)普遍主义

　　普遍主义要求,"关于真相的断言,无论其来源如何,都必须服从于先定的非个人的标准:即要与观察和以前被证实的知识相一致。"①也就是说,一条命题或一些主张能否被视为科学,与这些命题或主张的提出者的个人或社会属性无关,即科学与否的判定与提出者的种族、国籍、宗教信仰、阶级或个人品质等方面无关。普遍主义的核心是,排斥特殊主义。在默顿看来,科学知识的判定标准在于观察以及与以前被证实的知识之间的逻辑关系,而这种观察和逻辑关系是带有普遍性的,与个人无关,因此,普遍主义反映了科学的"非个人性特征"。

　　显然,科学制度作为更大的社会制度的一部分,并不是在所有时刻都能与其所在的社会制度保持一致。因此,当更大的文化或社会制度与普遍主义发生冲突时,科学的这一精神特质就有可能受到严峻的考验。

　　例如,种族中心主义与科学的普遍主义在历史上就发生过多次冲突。当这种情况发生时,科学家们发现,他们面临着一个两难选择,即他的种族和国家属性要求他在评价科学时以对种族和国家的忠诚为标准,而科学的普遍主义特质却又要求他抛弃这种忠诚。1914年,93位德国著名科学家和学者签署了针对敌对国的一项《告文明世界的宣言》,公开为德国

---

① R.K.默顿:《科学社会学》,第365页。

的军国主义行径辩护,这其中就包括著名的科学家普朗克、伦琴等人,当然这些人事后都表示后悔签署这份宣言。爱因斯坦拒绝签名,并与其他三位科学家、学者签署了一份《告欧洲人书》,与此宣言针锋相对。第二次世界大战期间,纳粹德国更是以种族主义之名对犹太物理学家进行迫害。他们认为,"通过[与非雅利安科学家]实际的和符号的接触会使种族受到玷污",因此,非雅利安的科学家特别是犹太科学家都受到了普遍的迫害,就连同情犹太人的科学家如海森堡也被赋予了一个新的种族名称"白种犹太人"。苏联科学史上也曾有过国家标准与科学的普遍性标准相冲突的例子。在苏联的一篇社论中,有这样的叙述,"只有世界主义而没有祖国,根本无视科学的实际命运,就可能毫不在乎地否认科学在其中生长和发展的诸多不同的国家形态。从科学的实际历史和具体的发展道路看,世界主义的代言人杜撰了超国家的、无阶级的科学概念,可以说,这些概念剥夺了一切有国家特色的价值,抹去了人们的创造性工作富有生命力的光彩和特性,变成了一个无壳的幽灵……马克思列宁主义粉碎了超阶级的、无国家的、'普遍主义的'科学这些世界主义的幻想,明确地证明,科学与现代社会中的所有文化一样,具有国家的形式和阶级性的内容。"①"李森科事件"就是这一指导思想下的一场悲剧。在我国也曾经发生过这样的例子,爱因斯坦相对论在"文化大革命"中被批判为资产阶级科学,批判者以科学家外在的社会身份来取代对科学的合理评价,竟荒唐至将无穷大一起批判的程度(甚至有人提出"怎么把 8 横写了"这样的荒唐评价)。②

　　显然,当科学特殊的普遍主义规范与社会主导价值观和规范发生冲突的时候,人们的评价标准就可能会发生紊乱。"只有从普遍主义的标准来看,民族主义偏见才是可耻的;而在另一种制度背景中,它会被当作是美德、是爱国主义。"③可以看出,普遍主义是对科学共同体内部而言的,超出科学共同体之外,科学家们能否遵守普遍主义规范,我们对此无法抱有过高的期望。"在私人的生活中,他们或许是男性优越主义者;作为公

---

　　①　转引自 R. K. 默顿:《科学社会学》,第 366 页。

　　②　屈儆诚、许良英:《关于我国"文化大革命"时期批判爱因斯坦和相对论运动的初步考察》,《自然辩证法通讯》1984 年第 6 期、1985 年第 1 期。

　　③　R. K. 默顿:《科学社会学》,第 367 页。

民,他们或许是狂热的民族主义者;作为精神生灵,他们或许皈依了排外的宗教教派;作为学术个人甚至是科学名人,他们或许喜欢行使专权",但是,"作为科学共同体的成员,他们必须压制这些嗜好,并采取一个普遍主义的姿态"。①

普遍主义规范的另外一种表现是,"要求在各种职业上对有才能的人开放",科学家共同体在理论上之所以能够达成这一标准,也是因为"制度性的目标为此提供了理论基础",能力和成就成为科学门槛的准入标准。这种"开放的民主社会的"特征是"成就评价的非个人标准和地位的非固定化",只有这样,普遍主义才能够发挥其应有的作用。不过,这一标准有时候也会被违反。"从科学史中可以找到证据证明,物理学研究的奠基人和伟大的发现者,从伽利略和牛顿到我们时代的物理学先驱,几乎无一例外都是亚利安[雅利安]人,其中主要是北欧日耳曼族的人",在此,意识形态又一次成为了评价科学好坏的标准,于是便产生了雅利安人的实在论的、实用主义的科学,与非雅利安人的教条的、形式化的科学之间的对立。②

(二)公有性

构成科学的精神特质的第二个要素是公有性,即"财产公有制的非专门的和扩展意义上的'公有性'"。在科学研究中,重大的成果往往都是科学家之间进行社会协作的产物,因此,这些产物也要属于社会公有,它们构成了这个社会的共同遗产。而这些成就的发现者,对于它们的所有权是非常有限的,最大的要求也仅限于以其名字为这一成就命名,如哥白尼体系、玻意耳定律等,不过这并不代表这些定律、常数就属于他们,而仅仅是为了记忆的方便,或者对这些科学家表示纪念的方式。

科学的公有性,是与科学的交流规则联系在一起的,也是由后者所保证的。科学需要交流,这也就意味着共同体要对科学进行评价,而评价的标准又是实验和逻辑,因此,公有性便在这种交流之中产生了。当然,这种交流最好是公开的交流,也就是说,科学家通过论文或者著书的方式,公开传播自己的观点。当人们选择接受这些观点之后,它们便成为了人

---

① 约翰·齐曼:《真科学——它是什么,它指什么》,第 47 页。
② R.K. 默顿:《科学社会学》,第 368 页。

类的共同财产。非正式的交流有时候会带来很多麻烦,特别是会给数据的准确性和优先权的界定带来麻烦。

因此,科学家们普遍都承认科学是人类的共同遗产。默顿援引了牛顿那句著名的话,"如果我看得更远的话,那是因为我站在巨人们的肩膀上"①,既表明科学家们承认其受惠于公共遗产,又承认科学成就在本质上具有合作性和积累性的特征。

既然承认和尊重是科学家对自己的发现的唯一财产权,那么,对科学发现的优先权的关注也就在情理之中了。科学史上发生了很多关于优先权的争论,牛顿与胡克、牛顿与莱布尼茨之间的争论就是这种优先权之争的重要例证。优先权的争论甚至还会引发政治的干预,例如在艾滋病病毒发现的优先权上,美国和法国政府最后也参与进来了。不过,优先权仅限于科学发现,并不涉及认识论层面,因此不会对科学知识作为公共财产的地位产生威胁。

(三)无私利性

无私利性是成为科学家的一个必要准则,科学家在进行科学研究的时候,不能够以个人私利左右评价标准,不能以个人的特殊目的而违背诚实原则。

尽管近些年来人们越来越多地揭露出科学史上某些伟大科学家也曾经有过科研不端行为,甚至科学不端行为在当下更是有愈演愈烈之势,但是,人们仍然承认,在科学家群体中,不诚信的行为要低于社会其他领域。当然,这并不是说科学家是从那些品质高尚、诚实可信的人中选择的,毋宁说,科学研究的特殊的规范结构决定了科学家要具有如此品质。这种规范结构主要表现在科学成果要受到普遍主义和怀疑主义规范的审视,即科学研究的成果要能够经得住"经验证据"和"逻辑上一致"这两条学术规范的考核,这是科学共同体最终达成其"系统和有效的预测的"科学的制度性保障。②

进入科学领域的学生,需要学习很多,比如如何做实验,如何选择实

① 当然,也有学者指出,这句话并非代表牛顿谦虚。这句话出现在牛顿给胡克的一封信中,牛顿之所以写信是因为胡克指责牛顿抄袭了他的工作,考虑到胡克身材矮小,据说还有些驼背,因此,有理由认为牛顿此言是为了讽刺胡克。
② R.K.默顿:《科学社会学》,第365页。

50

验数据,如何写作论文等。以论文写作为例,科学论文与文学作品的一个很重要的差别就是,科学论文尽管肯定是某一科学家个体或群体写作完成的,但从其行文中,我们几乎无法发现个人的痕迹。也就是说,科学论文通过援引参考文献、数据图表等方式,消除了科学论文的个人特征。在此意义上,可以说,科学家的论文实际上是一项"非个人"的成就。或通过明文规定,或通过默会惯例,科学运作的规范内化到了科学家个体之中,"科学共同体的社会学从而融入了个体科学家的心理学"。[①]

当然,科学权威有时候也会被盗用,以用于个人私利,特别是当其他科学家或者外行无法区分虚假主张和科学主张的时候。这种盗用有时会产生严重的后果,不过,科学界普遍认为,这种盗用会在科学共同体的经验与逻辑的审核标准下被发现。

(四) 有组织的怀疑

怀疑态度和批判精神是一个必要的科学研究规范。同样,它既是方法论的要求,也是制度性的要求。默顿说:"按照经验和逻辑的标准把判断暂时悬置和对信念进行公正的审视,业已周期性地使科学陷于与其他制度的冲突之中了"。[②] 这句话的意思是说,在科学研究中,科学陈述、命题或者论文的评价标准,仅在于经验和逻辑,即对这一陈述、命题或论文的经验验证以及逻辑验证(与既有的经过验证的知识是否有逻辑矛盾)。因此,科学研究者绝对不会将知识分为神圣的和世俗的,也不会将之区分为可以不加批判予以接受的和需要进行客观分析的。所有的知识都必须经过审核。

当然,这里的怀疑和批判态度,也并不是指怀疑一切的彻底怀疑论,这种彻底的怀疑只会导致认识论的虚无主义,并最终破坏科学的制度化运行;也不是指不假思索对一切进行批判,这里的批判指的是要经过反思、分析之后才决定自己的态度。正如默顿所言,这里的怀疑是有组织的怀疑,即科学界已经发展出了一整套制度化的怀疑体制。例如,科学期刊发表科学论文、出版社出版科学著作,这些论文和著作都是经过了同行评议专家的批判性审查的,在此,同行评议专家或者说审稿人就充当了科学

---

① 约翰·齐曼:《真科学——它是什么,它指什么》,第 49 页。
② R.K.默顿:《科学社会学》,第 376 页。

共同体的审查人的角色。当然,审查人的角色也是暂时的,因为在另外一种情境下,审查者也可能会变成是被审查者。如齐曼举例所言,"在一个星期里,一名知名的学院科学家或许不得不充当这个紧张三角关系中的每一个角色",即撰稿人、期刊编辑、审稿人。① 当然,这种角色的变化并不会导致科学制度的分裂,因为同行评议的过程在一般情况下都是保密和匿名的。而且,审稿的原则并不是权威、立场等外在因素,这一过程要符合默顿所说的"经验和逻辑的标准",可以说,审稿人并不是对自己、对朋友、对权威负责,而是对科学共同体负责。因此,这种同行评议实际上反而会不断加强科学的制度化运行程序。

有组织的怀疑的另外一个体现是,科学争论的开放性。学术期刊往往会留有学术争论的版面,专门为在某些问题上有分歧的科学家提供讨论的空间。这种开放性的争论,也是维持科学的制度化运行的一个手段。

在默顿看来,将普遍主义、公有性、无私利性、有组织的怀疑贯彻到科学研究的实践中,就可以保证科学以正常的方式健康运转下去,这也正是默顿社会学被称作制度社会学的一个核心含义。那么,应该如何使得科学家们自觉接受这些规范的规训呢?如果仅仅是从道德上要求科学家,为了科学体制的正常运行应该遵守这四个规范,这种纯粹道德的约束力是比较有限的。因此,默顿进一步中指出,这些规范是以规定、禁止、偏好和许可的方式展现出来的,而这种展现又通过科学的奖励和惩罚机制得以最终的贯彻。这样,如果科学家要获得甚至强化在科学共同体中从事科学研究的资格,那么,他就必须遵循这四个规范。

(五) 科学中的奖励制度

因此,科学共同体发展出了一套系统的科研奖励和惩罚机制,以保证其四个制度性的道德规范在共同体内部得以贯彻。

科学中的奖励,主要是通过科学家同行对他人研究的承认而进行分配的,"这种承认因科学家同行所评定的科学成果等级的不同而存在差别"。因此,重要科学家之所以被认为是重要的,在很大程度上是因为人们信任了其他重要专家对这些科学家工作之重要性的认可,也就是说,

---

① 约翰·齐曼:《真科学——它是什么,它指什么》,第53页。

"这些科学家在不同方面达到了制度对其角色的要求"。① 当然,科学家达成科学共同体的制度性要求,也就意味着科学家的工作满足了科学的两个最重要特征——实验和逻辑。因此,在默顿的意义上,科学的制度性要求和科学的客观性要求是一致的。

显然,由于科学家工作的重要性(当然需要由科学共同体进行评价)和奖励名额的限制,科学家中获得奖励的人,与科学家的整体相比,并不是非常多,而且科学家所获得的奖励与承认呈现出明显的层次性特征。最高层级的奖励是命名,即把科学家的名字放在其科学工作或部分工作的前面,以对其表示纪念,如哥白尼体系、胡克定律、普朗克常数、哈雷彗星等。命名也包含几种类型。在命名体系的最顶端,人数稀少,往往用于指代那些给某一"时代的科学和思想留下他们烙印的人"。尽管以名字命名可能是科学界中最持久而且也许是最具声望的一种承认方式,但是,如果科学奖励系统仅仅将奖励范围限定在这一层次上,那么,许多做出了杰出工作但又未获得命名奖励的科学家,将无法得到承认,而事实上,这些人的工作对于整个科学事业的发展也是不可或缺的。因此,科学奖励系统必须设计其他的承认形式,即科学承认是分层级的。在命名之下的一种承认形式,包括科学共同体设定的某些具体的奖项,这其中包括诺贝尔奖等。除此之外,成为某种高规格的科学研究机构或组织结构的会员,也是一种高层级的奖励形式,例如,成为英国皇家学会、法国科学院的成员等。在仍然保留着贵族头衔的国家中,科学家也可能获封爵位,如牛顿获得骑士爵位,威廉·汤姆孙就是著名的开尔文男爵。最普通的科学承认形式是他人对自己著作的引用,这种承认形式最为常见,也是大多数科学家在学术生涯中所可能获得的承认形式。

第二节　社会技术网络中的科学家

20 世纪 60 年代以后,社会学家们发现韦伯和默顿所描绘的科学家形象,存在两个问题。第一,韦伯和默顿所描绘的都是理想状态下的科学家,并以此为现实科学家确立一套伦理规范和行为准则,但"规范只是坚

---

① R. K. 默顿:《科学社会学》,第 605—606 页。

定理想,并不描述现实"①。实际上,现实中的科学家在很多时候都不会遵循这些准则,他们甚至认为这些准则有时对科学发展并不一定有利,特别是不利于新观点的出现和新理论的成长。这就涉及了第二个问题,在现实中,库恩的认知规范在很多时候比默顿的伦理规范要重要,于是,科学家就开始从理性人的角色转变成为现实人、社会人。20世纪以来科学研究的模式与传统相比,已经发生了很大的改变,如何描绘大科学时代的科学家形象,成为一个有待解决的问题。因此,社会学家们开始关注现实中的科学家和大科学背景下的科学家。在此背景下,拉图尔等人立足于实验室研究的科学实践,提出了一种崭新的科学家形象。其方法论策略是在实践中追随科学行动者,将对科学的关注点从既成的科学转向制造之中的科学。既成的科学主要体现在教科书之中、正式发表的论文中、科学史的教材中,科学在此是理性化的、逻辑化的,祛除了情感、修辞、权力等的纠缠;而行动中的科学是指仍然处于制造过程之中的科学,这种科学可以在实验室、历史上的科学争论文本中发现。拉图尔用罗马神话中双面神杰纳斯的形象进行了类比,苍老的面孔代表着既成的科学,而年轻的面孔则代表着制造之中的科学。在公开的教科书、学术著作、论文以及传统的科学家传记中,我们所看到的是科学家的第一种形象;但是,如果进入科学家的实验室,进入科研工作的第一线,我们就会发现科学家的第二种形象,这种形象才是其真实的形象。

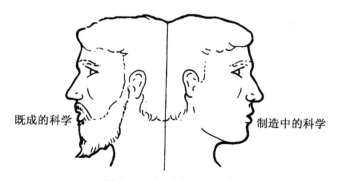

既成的科学　　　　　　　　　制造中的科学

图 2 - 3　行动中的科学②

①　约翰·齐曼:《真科学——它是什么,它指什么》,第40页。

②　Bruno Latour, *Science in Action*: *How to Follow Scientists and Engineers Through Society*, Cambridge, Mass.: Harvard University Press, 1987, p. 4.

　　因此,要想获得对科学家真实形象的描绘,就必须进入科学研究的第一线,进入实验室中。如拉图尔所言,"要想进入科学和技术,就必须穿过后门进入制造之中的科学,而不是通过那更加宏伟壮阔的大门从而进入既成的科学。"[①]这种研究被称为科学人类学,即采用人类学的方法研究科学。拉图尔在学术界较早采用了此种方法,按此种方法著述的第一本著作是《实验室生活》(与伍尔伽合著),另外较早对科学实验室进行人类学考察的学者是迈克尔·林奇与卡林·诺尔-塞蒂纳[②]。拉图尔进入科学人类学的经历比较特殊。他最初接受的是哲学和圣经解释学的教育,后来接受了人类学的训练。拉图尔曾到非洲的一支维和部队中服兵役,他当时面临着一个非常具体的问题:在很多技术学校中,老师们发现在三维视觉方面非洲学生存在着很大的"缺陷",而这些学校的教育体制完全是法国教育的翻版。因此,问题就出现了,在同样的教育模式下,为什么法国学生能够迅速地接受某些训练,而非洲人却总是慢半拍呢? 传统而言,人们偏爱用颇为牵强的认知因素、用非洲文化的精神实质等原因来解释非洲学生的缺陷。但拉图尔认为,这些宏大的社会因素和抽象的形而上学实体无法为这一问题提供合理的答案;真正的原因是,这些非洲学生大多来自偏远的乡村地区,在进入学校之前,他们根本未曾接触过诸如三维视图之类的问题,因此,这种绘图法对他们而言完全是一个"谜"。由此,拉图尔开始怀疑所有有关认知能力的文献的正确性,甚至开始怀疑科学思维和前科学思维之间的分界。进而,他提出了一个问题:"如果用在研究科特迪瓦的农民时所使用的方法来研究一流的科学家,那么,对于科学推理与前科学推理之间的宏大划界而言,会发生什么呢?"[③]如此,拉图

　　① Bruno Latour, *Science in Action: How to Follow Scientists and Engineers Through Society*, p. 4.

　　② 林奇早在 1974 年就开始了对实验室的研究,塞蒂纳与拉图尔一样,其田野考察工作也于 1975 至 1977 年之间展开。但是,相比较而言,《实验室生活》一书是他们中最早以书本形式出版的著作。而塞蒂纳和林奇的著作则分别出版于 1981 和 1985 年,因此人们通常会把拉图尔当成科学人类学的第一人。他们两人的著作分别是,卡林·诺尔-塞蒂纳:《制造知识:建构主义与科学的与境性》,王善博等译,东方出版社 2001 年版,英文版出版于 1981 年;Michael Lynch, *Art and Artifact in Laboratory Science: A Study of Shop Work and Shop Talk in a Research Laboratory*, London: Routledge & Kegan Paul, 1985.

　　③ Bruno Latour & Steve Woolgar, *Laboratory Life: The Construction of Scientific Facts*, Princeton, N. J.: Princeton University Press, 1986, p. 274.

尔萌发了对科学进行人类学考察的意念。

这种意念很快就同拉图尔一贯的研究兴趣结合起来。拉图尔从学生时代开始就着迷于对真理的发生机制的思考,"从一开始,对于哲学、神学和人类学而言,我所感兴趣的事情都是一样的,即我想对制造真理的各种方式进行说明"。① 这样,在其学术生涯中,拉图尔学生时代的学术训练、早期实验室研究工作以及后继的行动者网络理论等,都在此层面上得到了统一。对当代大科学的研究体制来说,研究制造真理之方式的最好地点自然就是实验室。1973 年,拉图尔结识了一位著名的法国科学家吉耶曼,吉耶曼认可拉图尔的研究,并邀请他到其所工作的乔纳斯·索尔克生物研究所进行人类学考察。这就为拉图尔的实验室研究提供了现实的可能性。在博士毕业之后,凭借吉耶曼的邀请信,拉图尔获得了福布莱特基金的资助,开始了他在吉耶曼实验室为期两年的人类学考察(1975 年 10 月至 1977 年 8 月)。这项人类学考察所积累的经验材料,在此考察期间与伍尔伽的结识,以及对一个新兴的学术领域科学知识社会学的了解,对拉图尔后来的学术道路产生了重要影响。

拉图尔对科学形象的核心界定是,科学家、技术专家、工程师等人都在与其他力量的同谋中获取资源,最终建立起一个最强大的同盟。对于政治家而言,同盟的范围限于人类;对科学家来说,同盟的对象不仅包括科学家乃至更宏观的社会,也包括了物质世界如仪器、实验材料等。拉图尔把科学家构建同盟的工作归结为以下几个方面。

一、建构强大的话语和文本

拉图尔曾经学习过格雷马斯的符号学理论,因此,他在进入科学领域之初,也就很自然地选择从符号学角度对科学文本与话语进行分析。早在 1977 年,拉图尔与符号学家法比安就合作完成了一篇科学修辞学的论文②;1979 年,在《实验室生活》中,符号学的方法又被进一步发展为科学话语分析方法,在《行动中的科学》中,这种方法被进一步贯彻和发挥。

---

① Bruno Latour, "An Interview with Latour", interviewed by T. Hugh Crawford, *Configurations*, 1993, 1(2), p. 249.

② Bruno Latour & Paolo Fabbri, "La rhétorique de la science : pouvoir et devoir dans un article de science exacte", *Actes de la recherche en sciences sociales*, 1977, 13(1), pp. 81 - 95.

在拉图尔看来,不管是在实验室之中,还是在科学论文中,不管是在科学的制造过程之中,还是在科学制造完成后所产生的文本中,科学家们都会利用各种技巧,制造出强大的文本。

(一)话语与事实建构

争论中陈述与话语的地位,往往取决于它的模态。按照拉图尔的解释,传统意义上的"模态"指的是"在某个命题中,主项使用某种限定词来肯定或否定谓项",在现代用法上,"模态"指的是有关另外一条陈述的陈述。简单地说,拉图尔在此使用模态一词要表明的是不同陈述的肯定度的问题。实验室中的工作,其目的就在于通过不断改变陈述的模态(例如使用模态词"可能""已经绝对性地确立""不可能""未被证实"等)来增加(常常是自己或者处于同一阵营者的)或者减少(常常是对手的)陈述成立的可能性;最终,模态消失了("可能"之类的词消失了),作者也消失了(不再出现"某某认为"),呈现在读者面前的是以"X 是 Y"等形式表现的命题,事实便被生产出来。而这种事实的产生就是实验室科学的最终目的,"涉及一个特定的断言,[科学家的]目的就是说服其同事放弃与此断言相关的所有模态",并将此断言作为一件既成的事实。① 于是,"在这样一种彻头彻尾的布朗运动中,事实被构建出来"。②

当然,有的时候,句子的模态并不仅仅用这些词来限定,而是用某些句子来限定其他的句子。例如:

句子(1):生长激素释放激素(Growth Hormone Releasing Hormone,GHRH)的基本结构是 Val-His-Leu-Ser-Ala-Glu-Glu-Lys-Glu-Ala。

句子(2):既然沙利博士已经发现了[GHRH 的基本结构],而GHRH 又会激发侏儒症患者所缺乏的生长激素,因此,在医院中开展临床研究以对某些特定类型的侏儒症进行治疗,是完全可行的。

句子(3):数年前沙利博士就已在新奥尔良的实验室中宣布[GHRH的结构是 Val-His-Leu-Ser-Ala-Glu-Glu-Lys-Glu-Ala]。然而,令人烦恼的是,这恰巧与血红蛋白的结构一样,后者是血液的常见成分,而且,如果

---

① Bruno Latour & Steve Woolgar, *Laboratory Life: The Construction of Scientific Facts*, p. 81.

② Bruno Latour & Steve Woolgar, *Laboratory Life: The Construction of Scientific Facts*, p. 87.

研究者操作不当的话,它也经常是大脑提纯物中的常见污染物。

句子(1)看上去超越了时间和空间,它似乎表明了自然界的一个客观事实。这个句子到底是什么时候被什么人在什么样的情境下所建构,我们都一无所知。所以,这一类型的句子所代表的是一个事实,一个黑箱。但是在句子(2)和句子(3)中,它成为这两个句子的一部分,或者说它在这两个句子中被其他的语句所修饰,这就是模态。句子(2)中句子(1)仍然被视为一个黑箱,而且成为了其他工作的基础,而在句子(3)中,句子(1)得以产生的情境被表露无遗:它是沙利博士于几年前在其实验室内所言说的一段陈述;句子(1)不仅丧失了其成为事实的基础,而且还可能通过它与其他物质的结构比较,从而被视为完全错误的。

事实上,在现实的争论过程中,科学家通过不断变换句子的模态对自己或同盟者的观点进行辩护,或对对手的观点进行贬低,从而达到赢取论战的目的。如拉图尔所言,"单凭借其自身,一个给定的句子既非事实又非虚幻;是后来其他的句子使得它如此。"[①]进而,话语和事实的制造就成为了一项集体性的成就。

(二)专业文本的建构

日常生活中,我们可能会面临大量的争论,但是科学中是否也如此呢?拉图尔认为,当走进科学争论的核心时,人们会发现科学中的争论反而比日常生活中更加激烈,人们并不是"从喧嚣走向沉寂,从激情走向理性,从热烈走向冷静",而是"从争论走向愈加激烈的争论"。[②] 在科学争论中,修辞是被科学家们经常使用的手段,但它却很少受到人们的关注。拉图尔分析了科学家在争论中通过修辞而增强话语或文本力量的几种手段,这些都表明了专业文本与非专业文本之间的差异。

1. 召集朋友

在争论的过程中,人们有时候会援引更加有权威或更多数人的意见来支持自己,此种论证方式常被称为诉诸权威的论证。下述争论体现了这一点。

---

① Bruno Latour, *Science in Action: How to Follow Scientists and Engineers Through Society*, p. 25.

② Bruno Latour, *Science in Action: How to Follow Scientists and Engineers Through Society*, p. 30.

甲：存在一种治疗侏儒症的新疗法。

乙：一种新疗法？不可能，肯定是你胡编乱造的。

甲：我是在一本杂志上看到的。

乙：算了吧！我猜肯定是本彩色副刊吧……

甲：我是在《泰晤士报》上看到的，文章的作者是位博士，不是记者。

乙：这说明不了什么。他大概是位失了业的物理学家，甚至连 RNA 和 DNA 都分不清楚。

甲：但是他援引了发表在《自然》上的一篇论文，这篇论文的作者是诺贝尔奖获得者安德鲁·沙利及其六位同事，他们的工作得到了国家卫生研究所和国家科学基金会的资助。

乙：哎呀！你该早说。这样看来你是对的。①

这场争论的转折点是甲对某篇权威论文的引证。在此之前，甲非常弱小，乙的反对意见强大，因为他所面对的仅仅是朋友的意见，加上物理学博士的医学断言、一张报纸而且很可能是份副刊，这些意见是很容易被反驳的。但最终，由于甲援引了新的力量，乙需要面对的对手突然变得太过强大，乙最终不得不放弃了自己的立场。

人们经常说，真理往往掌握在少数人手中。拉图尔认为这是不对的。他说，"形容词'科学的'并非归属于某些孤立的文本，后者能够凭借某些神奇的能力抵制多数人的意见。某一文献，只有当它的主张不再是孤立的，只有当大量人员参与了它的发表并在文本中被明确言及的时候，它才会变成科学。"②因此，在拉图尔看来，科学一词代表的并不是少数人所掌握的真理，而是多数人所坚持的意见。实际上，当这句话"真理往往掌握在少数人手中"真的有所指的时候，它所指的那个对象就已经不是少数人的意见了，因此，这句话只能是事后之见。

① Bruno Latour, *Science in Action：How to Follow Scientists and Engineers Through Society*, p. 31.

② Bruno Latour, *Science in Action：How to Follow Scientists and Engineers Through Society*, p. 33.

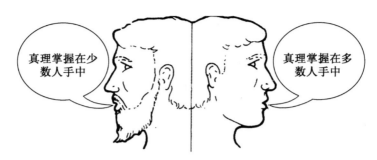

图 2-4 真理掌握在少数人手中吗?

2. 引用先前的文本

在学术论文中,作者为了增强自己观点的说服力,往往会引用先前的文本,并且按照某种规则巧妙地将其组织起来。如此,读者看到论文后,如果要反对作者,他的成本就会变得非常大,因为他可能需要去反对作者所引用的这些文本以及这些文本与作者观点之间的联系,这一工作量是非常巨大的。这也是为什么大多数学术论文中都充斥着引证的原因之一。如拉图尔所言,"一篇没有参考文献的论文,就像是在深夜独行于一座陌生大城市之中的孩童:孤单无助、陷入迷途,任何情况都可能发生。与此相反,非难一篇布满脚注的论文,则意味着异见人士将不得不削弱[它所引用的]其他所有论文。"因此,"就此而言,技术性文献与非技术性文献之间的差别并不是说前者合乎事实,后者指向虚假,而是说后者仅有少量资源在手而前者则大量资源在握,甚至是处于遥远时空中的资源。"①

拉图尔用此方法分析了沙利发表在《生物化学杂志》上的一篇论文②,他发现,沙利等人的这篇论文一共引用了 35 篇文献,这些文献发表于 1948 至 1971 年之间,分布于 16 本不同的期刊或书籍。因此,如果要反对沙利的论文,反对者将不得不卷入这些论文之中,反对的成本就大大增加。

---

① Bruno Latour, *Science in Action: How to Follow Scientists and Engineers Through Society*, p. 33.

② A. V. Schally, Y. Baba, R. M. G. Nair & C. D. Bennett, "The Amino-acid Sequence of a Peptide with Growth Hormone-releasing Isolated from Porcine Hypothalamus", *The Journal of Biological Chemistry*, 1971, 216(21), pp. 6647-6650.

3. 被后继文本所引用

拉图尔认为,文本或陈述的力量,来自后来通过引用以支持或反对它的其他文本或陈述,就算拉图尔本人的文本也是这样。[1] 在此意义上,时下人们也经常以引用率等作为评价论文质量的重要指标。

当然,同样一篇论文在不同的文本或不同时期的文本的引用中,可能会呈现出不同的形态。引用者越是相信这一论文,它就会越来越成为一个黑箱。例如,吉耶曼的一篇论文有五页纸的篇幅,但在引用时它被缩略为了一句话:"吉耶曼等人(引用)已经确定了 GRF 的序列:H Tyr Ala Asp Ala Ile Phe Thr Asn Ser Tyr Arg Lys Val Leu Gly Gln Leu Ser Ala Arg Lys Leu Leu Gln Asp Ile Met Ser Arg Gln Gln Gly Gly Ser Asn Gln Glu Arg Gly Ala Arg Ala Arg Leu NH2。"在后来的引用中,它变得更加简单,成为一个肯定模态句:"X(作者)已指明了 Y。"[2]任何争论都已经不存在了。甚至,如果此观点已经为学术界所普遍接受,它就会成为学术界的背景知识,于是,人们对它的使用将不再以引用的形式出现,因为它已经成为了公认的事实。就如同人们在提及 DNA 的双螺旋结构时,一般不会再引用沃森和克里克的论文,因为 DNA 的结构已经成为了事实。在此意义上,学术观点的最高荣誉就是让人们忘记了它的提出者。例如,在使用玻意耳定律时,人们只要知道这一定律的内容就可以了,学习者或研究者对玻意耳在什么著作中提出这一定律,这一定律最初经历了什么样的争议,甚至玻意耳是否是英国人等已不再关心,但这并不影响人们对玻意耳定律的使用。

(三) 文本要能抵御敌意的攻击

尽管前几种策略可以为文本建立起一个强大的同盟,但可能仍然会有些一意孤行者,执意坚持对文本的质疑。这样,文本就需要其他的力量来帮助自己。

1. 文章的自我防御

当引文、权威丧失说服力的时候,文本会通过对自身的强化而获得力

---

① Bruno Latour & Steve Woolgar, *Laboratory Life：The Construction of Scientific Facts*, p. 273.

② Bruno Latour, *Science in Action：How to Follow Scientists and Engineers Through Society*, p. 42.

量。这种强化的一种主要方式就是技术性细节的不断堆积,其目的在于使反对者难以发起攻击。前一种方法将反对者引向不在场的文本和权威,后一种方法则试图使反对者相信他们所要质疑的东西"真实地"存在于文本之中。这种技术性细节便是指代在论文中出现的数据以及数据的呈现与获取方法。所有这些都保证了文章的客观性,也就是文章的非人为性。

因此,文本便具有了层层交叠的结构,文本的每一个断言要么指向了文本以外的事实或权威,要么指向文本内的图例、图标、数据、表格、曲线图等。在这些技术性细节的堆积过程中,文本呈现出层级化的结构,这就使得当读者试图剥开文章的一个层面并最终成功时,他们所面对的却是另外一层,这就构成了文章的自我保护。"线性的散文转变为由相继防线交叠而成的阵列,是文本获得科学地位的确然标志。"①

2. 战术部署

尽管文本需要大量其他的文本、大量层级于其中的因素来支持,但这也并不是说只要有了足够数量的同盟,文本就可以获得强大的力量。因为这些同盟仍然需要以一种强有力的方式组织起来。拉图尔称之为战术部署。

战术部署的第一种方法是堆叠。当作者将图片、图表、数字、名字引入文本并将它们折叠起来时,文本便被赋予了力量,但这有时候也会成为文本的弱点。因为所有上述力量的层次之间,不能存在缝隙,缝隙很可能就成为读者反驳文本的理由。就如图 2-5 所述,自下而上的每一级归纳,都必须能够获得读者的信任。那么,该如何保证各层级之间的关系呢?作者需要做到以下几点。规则一,当我们将某一层级叠放于另一层级之上时,它们绝对不能完全重叠,因为重叠意味着文本仅仅是在重复自身;规则二,永远不要从第一个层级直接越到最后一个层级,不要从前提直接跳到结论,这将会使你的论证丧失说服力;规则三,尽可能多地进行验证,但尽可能少地提及验证的情境。

战术部署的第二种方法是布景和架构。如何吸引读者的兴趣,这是

---

① Bruno Latour, *Science in Action*: *How to Follow Scientists and Engineers Through Society*, p. 48.

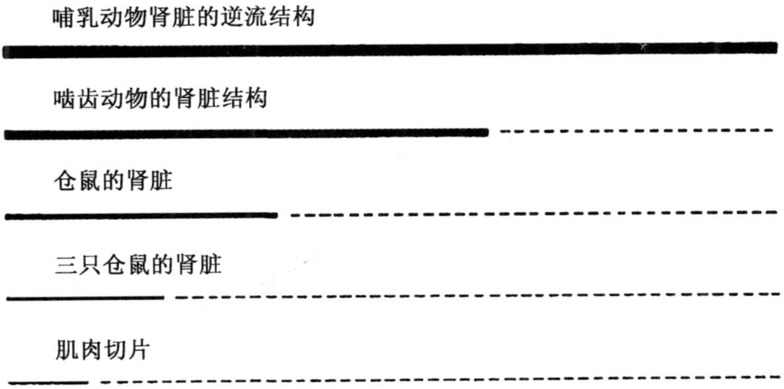

哺乳动物肾脏的逆流结构

啮齿动物的肾脏结构

仓鼠的肾脏

三只仓鼠的肾脏

肌肉切片

图 2 - 5　堆叠策略

作者在写作文本时必须考虑的。他必须通过对论文的特定布置和安排，一方面增强文本的吸引力，另一方面又不能让文本处于危险境地。这方面的措施包括：使用特定种类的专业词汇，以吸引特定的读者群；预先估计读者可能的反对意见，并进而对这些反对意见提前进行解答，从而塑造一种理想读者，他除了接受文本，别无选择；文本事实上由作者完成，但文本却很少显现作者的痕迹，被动语态就是这种隐匿工作的常用技巧，它能够给读者带来更为客观的印象；使用特定的语言技巧，强化或弱化某些主张，强调某种成就的革命性或谦虚地表示仍存在其他可能，诸如此类，其目的在于强化文本的自我保护功能，将反对意见排除在外。

　　战术部署的第三种办法是把控。其目的是使读者不得不顺着文本的思路思考问题，当然这种迫使无法采取政治或武力强制的形式，而只能采取逻辑强制的手段。当读者读到一篇文本的时候，他并不会顺从地沿着作者的思路前进，他很可能会采取其他的行动，从而走向其他的方向，这对文本来说是一种危险的结局。因此，文本必须采取各种手段将反对行动的各种可能性堵住。沟渠是一个很好的隐喻。写作文本就像是建造沟渠，通过挖掘和建坝的工作，使得水流只能保持一个方向，尽管如此，水看上去却仍然是自由流动的。读者同样如此，他们是自由的，但是又被逻辑的力量所推动，不得不顺着沟渠框定的方向前行，从而落入作者的思路。"说服并非是语词的堆砌。它是作者和读者试图控制对方行动的一场竞赛。"好的文本可以有效控制读者的行动，使读者既拥有"完全的自由"却又"完全顺从"。①

　　由此,拉图尔指出,科学一方面是技术性的,另一方面又是社会性的。这里的社会性,并不是传统社会学意义上一个高高在上的抽象实体,而是指各种因素在现实中的联结过程。在此意义上,拉图尔主张社会学要从"关于社会的社会学"转变为"联结社会学"。② 因此,"尽管乍一听有点不合常理,但某一文献越是技术化和专业化,它就会变得越具有'社会性',因为其中必要的联结的数目在不断增加,从而能够驱赶读者并迫使他们将某一主张作为事实而接受。"人们很容易就否认甲先生的观点"存在治疗侏儒症的新疗法",但是却极难否定沙利及其同事发表在《自然》上的那篇讨论侏儒症的论文,这并不是因为前者是一条社会性的随口胡说而后者是一篇技术性的严谨论文,而是因为"前者仅是单个人的言辞,后者则是众多装备精良之人在发言;前者只包括少数几条联结,而后者则充斥着无数条联结",因为"前者略具社会性,而后者却极端社会性"。③ 因此,技术性文献之所以难以理解,并不是因为它摆脱了社会关系的束缚从而进入一个客观的世界,而是恰恰相反,它纳入了更多的联结从而获得了更高的社会程度。于是,科学家的任务也并非使自己的科研超然于社会之外,而是为自己的文本塑造更多的社会联结,进而获得更为强大的力量。④

二、建立强大的实验室

　　文本因其社会性的急剧增加而获得说服力,但如果读者仍然固执地拒绝接受这一文本,那么,科学家该如何说服他们呢?

(一) 从物的文本在场到真实在场

　　文本可能会提到电子、病毒等因素,也会给出实验的时间、地点、次数

① Bruno Latour, *Science in Action*: *How to Follow Scientists and Engineers Through Society*, pp. 57 – 58.

② Bruno Latour, *Reassembling the Social*: *An Introduction to Actor-network Theory*, p. 9.

③ Bruno Latour, *Science in Action*: *How to Follow Scientists and Engineers Through Society*, pp. 60 – 62

④ 要注意一点,拉图尔在此所说的社会并非一个实体指向性的概念,即它并非指代单纯的人类领域,而是具有关系指向性,即它所指代的是不同行动者之间的联结,人与物、主体与客体仅仅是这种联结关系的结果,而非前提。

以及技术人员的名单,但在文本中,上述要素只能以符号行动者的身份在场,只不过文本把它们塑造得仿佛独立于文本而存在。如果反对者执意质疑它们的真实性,科学家只能将反对者引入这些因素的真实生产场所——实验室。实验室为我们提供了认识物的真实在场的机会。这可以从以下几个层面分析。

1. 实验室内不断进行着铭写

拉图尔认为,整个实验室就是一个文字铭写系统。"铭写"的概念来自德里达,意在表明一种比书写更为根本的活动[①],拉图尔用之概称实验室的活动痕迹、场点、观点、图形、数字记录、光谱、峰值等。科学家们综合利用实验室的物质资源和非物质资源来完成铭写过程,最终制造出自己的文本。在这个过程中,科学家既是读者又是作者,其为读者,是说科学家既要从仪器上进行读数工作,又要不断参考其他科学家的文献,以从正面或者反面来支持自己的观点;其为作者,是因为其工作的最终目的还是要制造出以论文或报告等形式存在的文本。

面对质疑者,科学家需要做的就是上述过程的反操作,将持反对意见的读者带入实验室,将文本中的某些话语还原到实验室内的物质环境或铭写装置之上,从而向反对者表明,文本完全是基于客观程序而得到的。例如,如果某人翻开某本科学杂志发现如下语句:"图1[图2-6]向我们展示了一种典型模式。人们发现内啡肽的生物活性主要存在于两个区域,其中,在纳洛酮的作用下,其活性在区域2中表现出了可逆性,或具有统计意义上的可逆性。"如果有人怀疑这句陈述,并怀疑图2-6向人们展现出来的数据,那么,作者会说:"你怀疑我所写的内容?我来展示给你看。"作者会将他带到实验室,并进行一次完整的实验操作。"好的,这是基准线。现在我将注射内啡肽了,将会发生什么呢?快看!"就如图2-7所示,"线条立刻急剧下降。现在注意看纳洛酮。看到没?!又回到了基准线高度。完全是可逆的。"[②]

①　Bruno Latour & Steve Woolgar, *Laboratory Life：The Construction of Scientific Facts*, p. 88, note 2.

②　Bruno Latour, *Science in Action：How to Follow Scientists and Engineers Through Society*, pp. 64 - 65.

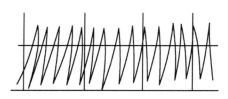

图 2-6 科学论文中的数据图

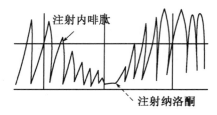

图 2-7 实验操作展示的数据图

于是,质疑者被从文本的世界带入了物质的世界,仿佛见证了物质世界的客观过程。如果质疑者相信自己的眼睛,那么,他也就不得不相信作者的故事。当然,尽管实验室内的铭写装置建构了数据和文本,但如果没有人质疑,那么这些装置就会隐蔽不见,成为黑箱化的一部分。

2. 科学家为事实代言

当科学家在实验室内向反对者演示实验时,他同时也在不断地向反对者解说实验。这种解说是非常关键的,因为它给反对者留下了一种印象,即科学家确实仅仅是自然的代言人。代言人是指"为那些不能发声的人或物代言的人"。[①] 就如某个工人可能会代表整个罢工的工人群体跟老板谈判一样,科学家则代表内啡肽发言。工人代表的力量不是来自他自己,而是来自罢工的工人群体;科学家的力量也不是来自他自己,而是来自实验室内的实验操作。这种情况下,老板和质疑者很容易被发言人的言辞所打动。因为在科学家的言辞中,质疑者根本分不清楚哪些是科学家自己的话语,哪些是来自仪器的铭写。

不过,质疑者可能更加一意孤行,仍然质疑科学家的话语。很明显,要解除质疑者的疑问,只有一个办法,"让被代表的物与人自己发声,说出与代表声称他们所想说的内容一样的东西"。[②] 当然,这种事情不可能发生,因为恰恰由于被代表的物与人不能说话,所以才由发言人代表他们说话。不过,巧妙的操作却可以呈现出同样的效果。工人代表可以走上演讲台,召集工人集会,然后向工人发问,这时工人会通过吼叫、掌声、谩骂

[①] Bruno Latour, *Science in Action: How to Follow Scientists and Engineers Through Society*, p. 71.

[②] Bruno Latour, *Science in Action: How to Follow Scientists and Engineers Through Society*, p. 73.

配合工人代表的演讲。恼怒的科学家也可以让出操作台,并让质疑者亲自操作一遍实验程序。操作过程中,质疑者同样看到了峰值开始下降,随后又回到了基准线。通过质疑者的操作,内啡肽、纳洛酮、实验仪器亲自发声了,它们说出了同样的事情。质疑者最终被说服。

3. 力量的考验

但是质疑者可能比想象的更加固执,他甚至会要求更换实验仪器的某些部分,以观察实验结果。例如,在第一章提及的 N 射线的例子中,伍德甚至偷偷拿走了实验室的铝制棱镜,而布隆德劳却声称 N 射线仍然存在。在此案例中,伍德作为一个固执的质疑者,不断干扰实验,最终否定了布隆德劳的结论。

除此之外,反对者也有可能会质疑实验的细节,比如内啡肽的来源。面对这样的质疑,科学家会向反对者展示瓶子上的内啡肽标签,但是标签很容易造假。科学家只能接着向质疑者展示一个记录本,上面写着与瓶子上一样的编号,这个编号就是内啡肽的代码。但这仍然容易造假。于是科学家不得不将质疑者带到实验室的另一个房间,向他展示一套复杂的实验程序,在实验程序的最后,内啡肽被提取出来。质疑者又用新的内啡肽样品重新进行了几次实验操作。最终,质疑者的顾虑被打消,他彻底相信了科学家的文本与实验操作。

在这个过程中,质疑者与支持科学家结论的仪器、样品、实验记录等要素之间进行了一场力量的考验,考验的结果是,要么科学家失败,这时他的科学断言就变成了其主观臆断,要么质疑者失败,科学家的主张成为了客观自然的代表。

(二) 建造反实验室

反对者在作者的引领下,经历了一次奇妙的旅途,他首先面对着文本以及文本背后更多的文本,然后看到了在文本中密密麻麻、层层堆叠的图表、标签、表格、地图之类,在铭写之后,隐藏着的是科学仪器,仪器后面又站着它们的代言人,在代言人背后,又是更多的各种各样的仪器,最后反对者碰到了力量的考验。经历了这么多困境,如果反对者仍然固执己见,仍然试图否定作者的观点,那么,事情就不再是动动嘴皮子这么简单了,他需要成立一个新的实验室,以聚集起更多更强大的力量,从而把代言人(作者)与他所代言之物之间的联结取消。"这就是所有的实验室都是反实验室的原因,正如所有的技术文章都是反文章一样。"①

1. 增加黑箱

为了减少被反驳(对作者而言)或增加反驳(对反对者而言)的可能性,人们需要在一个黑箱之上增加更多的黑箱。例如,当反对者质疑 A 现象时,科学家可能会向他展示 A 现象是在科学仪器 B 上产生的,而 B 背后可能隐藏着科学原理 C 和 D 以及它的构成器件 E 与 F,这样最初面对的一个黑箱,最终变成了四个黑箱。当然,实际情况可能会更多。这就极大地增加了反对者的成本。而反对者想要成功,则必须打破这些黑箱以及彼此之间的关联,进而建构一种更加复杂的黑箱系统。因此,不管实验室还是反实验室(正如前文所说,任何一个实验室也都是反实验室),都必须建构更多、更难打破的黑箱。例如,当科学家们最初在液体培养基中培养细菌时,只有经过训练的专业人员才能观察到这些细菌,而且,如此培养的细菌也不易分离,因此,反对者很容易对培养液中是否出现了细菌、出现了何种细菌产生异议。要消除这些异议,必须使得细菌变得明显可见且易分离。基于此,科赫开始使用固态培养基,经过特定的操作,培养基上的单个细菌可以长成菌斑,于是,如此培养出来的细菌具有了很好的可见性和可分离性。同时,科赫还发明了细菌染色法,这就使得细菌的可见性具有了戏剧性的效果。至此,细菌的存在变得无可反驳了。

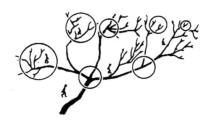

图 2-8　某一断言与诸多黑箱联系在一起,以致持异议者无法将之全部解开

2. 使行动者背叛它们与代言人之间的同盟

科学家的力量来自他与其所代言的实验室物质环境之间的同盟,如

---

① Bruno Latour, *Science in Action*: *How to Follow Scientists and Engineers Through Society*, p. 79.

果打破这种同盟或者说使实验室内的某些部分背叛这一同盟,那么,他的力量也就被否定了。普歇和巴斯德之间的一场争论戏剧性地展现了这一过程。普歇坚持自然发生说,而巴斯德则否认这一点。为了反驳普歇,巴斯德设计了一个实验,将经过灭菌处理的溶液盛放在开口的鹅颈瓶之中,并分别将之放置在低海拔地区和阿尔卑斯山高海拔地区。巴斯德发现,前者受到了细菌的污染,而后者则仍然无菌。这样,最合理的解释就是细菌来自外部,于是普歇的自然发生说就陷入了极大的困境。为了反驳这一点,普歇也同样设计了一个实验,他用经过高温蒸煮杀菌处理的干草浸液重复了巴斯德的实验,但是他发现,处在比利牛斯山高海拔地区无菌空气中的培养液,很快便充满了细菌。细菌仿佛真的是自然发生的,普歇使巴斯德的盟友细菌背叛了他。但是,异议者也可能指出,尽管普歇对所有仪器和材料都进行了消毒处理,但仍然可能有细菌从外部进入。"消毒"再次成为一个模糊的、可磋商的概念。巴斯德就指出,普歇实验中使用的水银被污染了。于是,普歇的自然发生的微生物又开始背叛它们与普歇之间的同盟。最终,巴斯德赢得了论战的胜利。因此,"只要切断他们与其支持者之间的联系,作者与反对者之间的力量考验就会骤然反转。"①

3. 建构新的盟友

当科学家与外来的质疑者都尽可能多地引入黑箱时,他们之间有可能会形成某种均势,最终谁也无法战胜谁。这时,最好的办法就是寻求某种新盟友的支持,这些新盟友也就是实验室中出现的新客体,它们只能通过实验室内的仪器操作而被建构出来。科学家的力量来自这些新客体,而后者的力量又来自其建构过程。拉图尔认为客体的名字所指称的并不是外在于这一指称的某个东西,而是这一客体最初被视为新实体时它所经历的"力量的考验"。例如,如果有人问居里夫妇,钋是什么,居里夫妇不会简单地拿出某一物体,然后指着说这就是钋。这实际上相当于什么都没说,因为人们仍然不知道钋是什么。因此,正确的做法是向人们展示用以界定钋的一系列实验,正是这一系列实验将钋与其他元素区分开来。只有获得了这种新的客体的支持,获得了一系列实验操作所建构出来的

---

① Bruno Latour, *Science in Action*: *How to Follow Scientists and Engineers Through Society*, p.85.

联系的支持,科学家才能够战胜对手。

因此,钋最初并未获得客体的地位,它仅仅对应于居里夫妇的一系列实验操作。但当实验完成后,当居里夫妇的观点被科学共同体接受之后,人们反而遗忘了客体的这一历史过程。这就如同马路上的汽车、屋子里的空调甚至手中的手机,我们会将之当成一个既存之物,忘记了它们自身都是拥有历史的,或者说,它们都是在具体的时空中被建构起来的。这时,新的客体开始获得了实在的地位,钋成为了客观自然的一部分,人们对它的质疑也就烟消云散了。而科学家正是从这些新客体那里获取了力量。

三、通过转译建构利益共同体

只有强大的文本和实验室是不够的,科学家必须走出文本和实验室,把自己的研究转变为现实力量,以便从这种现实力量中获得支持,从而更好地推动自己的科学研究。拉图尔分析了科学家为了达成目的而采取的策略,当然,这些策略从根本而言都是采取积极措施建构利益共同体。

Interest 具有"兴趣"和"利益"两重意思,它的词源是 interesse,意味着在行动者与其目标之间所存在的东西,因此,有助于行动者达成其目标的东西都可以被称为 interest。在此意义上,interest 的这两层含义是一致的,即征募他人对自己行动目标的兴趣,便是将他人的利益征募到自己的阵营,或者说,让那些本来与你的目标无关的人变成利益相关者。这些策略主要有以下方面。

(1)更改行动目标。如果科学家想要推行某一科研项目,但是人们对此不感兴趣,那该怎么办呢?很明显,必须让目标群体对此感兴趣,创造出与他们之间的利益纠缠,其办法便是消解这些群体对某些问题的通常解决办法,或者让其通常方法出现问题,这样,他们才会有新的需求。例如,当物理学家西拉德向五角大楼游说核武器时,美国的将军们对此不感兴趣,他们认为这一项目耗时太久,投入太多,而且他们看不到对赢得战争有什么帮助,他们完全可以使用常规武器与德国人战斗。但是,西拉德告知将军们德国正在研究原子弹之后,将军们感觉到他们无法再置身事外,他们成为了利益相关者。于是,最初两个毫不相干的目标(西拉德希望研究核武器,将军们希望通过常规武器赢得战争)在西拉德将德国人的竞争纳入进来之后,具有了密切的利益相关性。西拉德的目标得到了实现。

(2)发明新目标。新的目标,意味着新的需求。例如,早期的相机非常笨重,操作复杂,而且需要复杂的程序冲洗照片,因此,拍照成为一项专业性或技术性的活动,这就限制了相机和胶卷销售的目标人群。柯达公司的创始人伊斯特曼认为,必须降低相机的价格、减小体积、简化操作,并且需要把冲洗照片和拍照的程序分开。达到了这种要求的相机后来被称作傻瓜相机,这一名称尽管并不文雅,却形象地表明了其操作的简单性,这种简单操作使得几乎每个人都可能成为它的目标人群。时至今日,数码相机以及集成了照相功能的智能手机,则使得其目标人群的范围更加扩大。

(3)创造新群体。19世纪中期,欧洲和美国的政府官员们希望对城市进行清洁,以创造安全卫生的城市环境,但这种措施却因为穷人和富人之间的对立而无法推行,穷人们很容易将之设想成为富人打压穷人的工具。当巴斯德指出细菌才是疾病传染的直接原因后,穷人与富人之间的群体分割被取消了,社会被重新划分为患者、细菌携带者、免疫者、已接种疫苗者等。这种新的群体分类消解了不同阶层之间的对立,规避了卫生政策的实施所遇到的阻力。①

当然,还存在着很多其他的策略。这些策略的根本目的就是打断其他行动者最初的行动路线,将他们征募到自己的利益范围之内。在此意义上,科学家与其他的人或物构成了一种新的行动,这种行动保证了科学家目标的最终达成,尽管这个目标不一定就是其最初的目标。

四、获取社会的支持

科学家必须走出专业群体,以获取社会的支持。一方面,科学家不仅要创造出科学的某些专业知识,而且也要创造出科学赖以存在的社会环境,另一方面,科学家必须更加充分地利用社会资源,以推进自己的科学研究,这就意味着科学技术与社会日益紧密地结合在一起,科学成为了技科学。我们分别以赖尔及拉图尔所设想的一位科学家的日常行程为例进行说明。

---

① Bruno Latour, *Science in Action: How to Follow Scientists and Engineers Through Society*, pp. 114 – 116.

　　一般情况下,提到赖尔的时候,人们所想到的是,赖尔是伟大的科学家,是地质学的奠基人。不过,在拉图尔看来,这仅仅是赖尔工作的一部分,尽管非常重要,但如果没有赖尔其他方面的工作作为支撑,他的这项工作也可能无法得到承认。当我们说地质学是由赖尔所创造的时候,就已经表明了,赖尔之前地质学这样一个学科是不存在的。当然,这并不是说不存在地球史的研究,但这些研究主要由神学家、圣经解释学家、古生物学家等所把持。因此,赖尔需要创造出社会对地质学的需求。这就意味着,他必须创造出一个地质学的学术共同体,创造出地质学家这种职业、地质学的专业教育以及整个社会对地质学的认可和支持。于是,他必须同地质学的那些业余研究者保持距离,需要他们的劳力,但由于根本立场的差异,所以必须排挤他们;必须同贵族们保持距离,需要他们的资金支持,但又要若即若离,以免浪费过多时间与他们讨论毫无价值的问题;必须同政府保持距离,向他们证明地质学的重要性以获取各类支持,但又要降低他们的期望,比如,不随意承诺能够发现新的矿产资源,以免受到政府的惩戒;必须同教会和大学里的教授们保持距离,斗争到底又要在大学里获取教职并逐步开设地质学课程;要同公众保持距离,争取他们的热情和支持,但是不能走得太近,以免让公众觉察彼此在世界观上的冲突。同时,赖尔还得研究地质学。也就是说,赖尔必须同时创造出地质学的内部和外部。①

　　有人可能会觉得,这似乎是对赖尔的贬低:从一个纯粹的科学家变成了一个社会活动家。但实际上,一方面,这是更加真实的赖尔,另一方面,这不仅没有贬低赖尔,相反,这是对赖尔的更高的赞赏。传统而言,人们会将科学家视为神一样的存在,于是,神发现了万有引力定律,神创造出了地质学,诸如此类。既然科学家是神,那么,他们做出这些科学成就,就成为理所当然之事,因为神的能力是无限的。相反,拉图尔把赖尔还原为了一个真实的科学家,他会面临专业问题的困扰,也会面临社会问题的困扰,然而,赖尔最终不仅解决了地质学的专业问题,更解决了地质学所面临的社会问题,在此意义上,赖尔的工作量更加大了,他除了完成神的工

---

　　① Bruno Latour, *Science in Action: How to Follow Scientists and Engineers Through Society*, pp. 146 – 150.

作之外,还要完成人的工作。赖尔成为了更加伟大的科学家。

此外,人们往往也会觉得许多科学家多少有些孤僻,甚至性格颇为古怪,常钻入科学而不问世事。但在拉图尔看来,这并不是科学家的真实形象,至少不是全部科学家的形象。拉图尔根据自己的人类学考察,设想了实验室主管科学家的日常工作:

3 月 13 日:老板在实验室做了一天实验;

3 月 14 日:老板先后接了 12 个电话,他与同行们在电话里讨论了一些专业问题。

3 月 15 日:老板飞到阿伯丁与同行进行学术讨论,这个同行否认老板的观点。期间,老板几乎在给整个欧洲的同行打电话。

3 月 16 日:早上,老板飞往法国南部,与一家大型制药企业的负责人见面,他们一整天都在讨论某些药品的专业、生产和临床试验。晚间,老板在巴黎停留,与法国卫生部长商讨在法国成立一个新实验室。

3 月 17 日:老板与来自斯德哥尔摩的一位科学家共进早餐,老板对这位科学家的一部仪器样品颇感兴趣,并谈及购买一部;老板承诺对这种仪器进行宣传,以唤起制造厂商对它的兴趣。下午,老板获得了索邦大学的荣誉学位。在演讲中,老板痛斥法国的科技政策,批评记者们对科学不负责任的报道,并呼吁成立一个专业委员会,以制止记者的这种行为。晚上,老板飞往华盛顿。

3 月 18 日:美国总统办公室召开了一场大型会议,参加者包括总统、老板和糖尿病患者代表。老板极力宣扬自己的工作对于治疗相关疾病的重要性,然后痛斥美国科技政策对自己工作的妨碍。患者们呼吁总统给老板以支持,总统承诺将尽力而为。中午,老板在国家科学院参加了一场工作午餐会,他试图说服同行成立一个研究机构,以能够引导和规范相关研究。同时,他们也在讨论如何否定另外一位同行的观点。下午,老板参加了一个专业杂志的编委会会议,他抱怨审稿人因为对相关研究一窍不通而拒绝大量优秀稿件。在返程的飞机上,老板修改了一篇有关脑科学与神秘主义的文章,这篇文章是一个教会朋友请他写的。下午晚些时候,老板赶到学校,正好是其授课时间,课程最后,老板呼吁年轻人加入他所从事的那样一个欣欣向荣的领域。课后,老板召开会议,讨论了相关课程改革问题。

3月19日:有人要为实验室提供一百万美元的资助。资助方来实验室进行实地考察。

3月20日:上午,老板试图说服一家精神病院的医生进行相关药物的临床试验;同时,老板建议医生与其合写一篇论文。下午,老板到了一家屠宰场,试图说服屠宰场老板采取一种合理的屠宰方法以免损伤羊的下丘脑,两位老板争论得非常激烈。下午晚些时候,老板狠狠教训了一位博士后,他没能按时完成科研任务,接着,老板与同事讨论该购买何种实验材料,并对获取的相关实验数据进行了分析。①

可以看出,这位老板的大部分时间都在实验室外奔跑,他频频接触政客、企业高管、媒体、宗教人士等传统与科学研究似乎无关的行业人员,他为了谋求对专业研究的掌控并否定同行的观点而呼吁成立专业学术机构,为了推进自己的研究而与政府、企业合作并通过公众向政府施压,为了本学术领域的繁荣而要求改变专业杂志的同行评议专家名单,为了更广泛地宣传自己的研究而与教会交流心得,为了自己的研究领域后继有人而呼吁年轻学生加入他的劳动力阵营,为了获取临床数据而与医生合写论文(注意,这是一个双赢的过程),为了获得更好的实验材料而与屠宰场老板讨价还价,诸如此类。跟随这位科学家,我们发现了复杂的社会关系。

当然,在老板的实验室内,也存在着另外类型的科学家。这位科学家整天呆在实验室,恨不能将所有时间都花在实验上,她很少有电话,即便有也是与同行交流学术问题。这似乎是一位传统科学家的形象,她千方百计与社会保持距离。

问题在于,对于科学的正常运转而言,这两种科学家哪种更加重要

---

① Bruno Latour, *Science in Action*: *How to Follow Scientists and Engineers Through Society*, pp.153 - 155.

呢？我们可以通过下图进行分析：

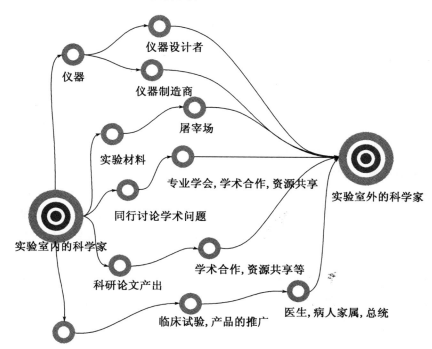

图 2-9 两种科学家的形象

如果我们跟随实验室内的科学家,我们会发现她整天都在操作着科研仪器、分析着实验材料,时不时与同行讨论学术问题,经常性地产出新的论文,实验室最终也会有实物性的成果。她似乎在与自然打交道,她确实远离了社会关系。然而,如果我们问科研仪器是哪里来的？我们会发现在这个客观仪器的背后是仪器的订制、设计、生产和购买的复杂的社会过程。实验材料是哪里来的？它来自实验室外老板与屠宰场老板那场激烈的争论及讨价还价。科研论文如何发表？它来自不同实验室的合作和资源的共享,而这又依赖于合作网络的形成,如专业学会的成立等,同时,也依赖于老板对学生研究方向的影响。最后,实物是如何产出的呢？这又将我们引向了它的临床试验、专利、生产以及产品推广等,而这背后却是医生、病人家属、媒体、总统等。于是,我们仿佛发现了一个复杂的社会,而这个社会最终归结于最右边的那位老板。

　　我们再换个角度考虑一下,我们能否从上图中拿掉哪位科学家呢?如果拿掉实验室内的科学家,我们发现,老板完全可以重新招聘人员以便替代她的角色,也就是说,实验室内的这位科学家是具有可替代性的;但是,如果我们拿掉实验室外的老板,我们会发现,整个网络便会坍塌,实验室内的科学家失去了科研仪器,无法补充实验材料,专业合作也中断了,最终,也不再有论文和实物的产出。由此可以看出,当下的科学研究已经与社会紧密地联系在一起,离开了社会,特别是离开了资金的支持,很多科研项目将无法进行。这就是为什么很多自然科学实验室都称主管科学家或者导师为老板的原因,因为他们之间似乎真的存在一种准雇佣关系;这也正是为何很多科研机构总是将科研经费作为一项评价指标的原因,因为科研经费的多少,在很大程度上决定了科学研究的水平,尽管并非全部。这就是技科学,它已经突破了传统科学的知识内核,科学开始与社会纠缠在一起。

　　在此意义上,拉图尔说,实验室内的科学家之所以能够安心进行科学研究,就是因为老板在实验室外不断地争取新的学术资源和各类支持。于是可以说,"技科学之所以能够拥有一个内部,是因为它拥有了一个外部",这一定义中"存在着一个正反馈:科学的内部越强大、越硬、越纯粹,其他科学家就必须在科学的外部越行越远",于是,实验室内的纯粹科学家,就像是无助的雏鸟,而实验室外的科学家则像成鸟一样忙于筑巢,供养他们。① 甚至可以这么说,"那些真正从事科学研究之人,并不总是站在工作台前;相反,某些人之所以能够站在工作台前,是因为更多人在其他地方从事着科学研究。"②这样,我们也就能够理解,尽管传统社会学家的工作已经表明,青年时期的科学家最富创造力,但现实中人们却发现,很多科研机构在聘用职员时,往往更加青睐于那些学有所成、年有所长、位有所高的人,特别是院士群体。图2-9便可以告诉我们答案。

------

　　① Bruno Latour, *Science in Action: How to Follow Scientists and Engineers Through Society*, p. 156.

　　② Bruno Latour, *Science in Action: How to Follow Scientists and Engineers Through Society*, p. 162.

本章小结

认识论主要以哲学的先验方法考察科学的知识内核,先验进路在考察对象上的这种理想立场,塑造了其科学家形象的两个特征。一方面,这种理想立场预设了科学家的理想形象。尽管韦伯更加强调科学家的内心修养,而默顿更突出科学家的共同体属性,但他们的共同点都在于:为科学家树立一种理想形象。另一方面,对科学的去情境化的逻辑分析方法,导致了对科学家的社会学和伦理考察与对科学的认识论分析之间的割裂状态,因为后者的普遍性并不需要前者的社会学辩护。而自然主义进路的经验立场,在上述两个方面都发生了改变。在科学家的形象问题上,它更加关注现实中的科学家,因此科学家就不仅是认识论层面上科学的发现者,更是社会学层面上的活动家和实践层面上的事实建构者;在科学家与科学的关系问题上,先验进路所消解的各种默会因素如科学家的修辞、立场、权威等都在情境化的科学实践中进入认识论,使得认识论的社会学化和实践化成为可能。拉图尔、夏平等人的工作是后一种进路的代表,对我们分析大科学时代的科学家形象具有一定的启发。

在大科学的时代,科学家的职业素养可以分为两类:一类是内在修养,这包括必须接受专业化的训练,保持对科学的热爱和对真理的追求,尽管这种热爱和追求在现实中往往会被转化为解决问题的能力,秉承客观纯粹的学术态度,尽管这种默顿式的客观往往也会掺杂了库恩式的"暴徒心理学"[1];另一类是外在修养,科学家必须认识到大科学的社会特征,要具备良好的科研管理与社会运作能力,具有良好的科研道德和学术规范意识,此外,还要具有强烈的社会责任感和伦理反思能力。

因此,科学家需要处理好几对关系:研究者与管理者之间的关系,因为他既是实验室内的研究者,需要面对尖端的仪器、复杂的程序和凌乱的数据,又是实验室的管理者,需要凝聚实验室的最大力量以推动实验室工作的顺利开展;实验室内的学者角色与实验室外的活动家角色之间的关系,他必须潜心科学,但又不能将实验室隔绝于社会之外,只关注前者会

---

[1] 伊・拉卡托斯:《科学研究纲领方法论》,第125页。

使科学丧失外部的支持,只关注后者会使科学丧失内部的动力;学术研究与社会需求之间的关系,既要保持科学研究的独立性,强调科学进步的自我导向,又要重视与社会需求的结合,突出科学发展的社会导向;学术研究与社会责任的关系,前者要求他关注科学研究的事实层面,要尽一切可能聚集资源推动科学的进展,后者要求他重视科学研究的价值层面,规避科学所可能带来的社会副作用。

■ 思考题

1. 选取一部与科学有关的电影,以此为据谈谈你对科学家形象的看法。

2. 在大科学时代,科学家的职业形象具有哪些方面的特点?

3. 在历史上,科学一词的内涵是不断变化的,这种变化对科学家的形象有影响吗?

■ 扩展阅读

马克斯·韦伯. 学术与政治:韦伯的两篇演说. 冯克利,译. 北京:三联书店,1998.

史蒂文·夏平,西蒙·谢弗. 利维坦与空气泵:霍布斯、玻意耳与实验生活. 蔡佩君,译. 上海:上海世纪出版集团,2008.

约翰·齐曼. 真科学——它是什么,它指什么. 曾国屏,等,译. 上海:上海世纪出版集团,2008.

第三章　两种文化

1956 年 10 月,英国人查尔斯·珀西·斯诺在《新政治家》上发表了一篇名为《两种文化》的文章。3 年后,他又在剑桥大学发表了一篇名为《两种文化与科学革命》的演讲。斯诺在演讲中指出,人类的智识生活正面临着两种文化的分裂。这种分裂是指人文文化(以文学为代表)与科学文化(以物理学为代表)之间的分裂,这两种文化或两个群体之间在认识论和价值观上不仅互相无知,而且彼此间存在着严重的误解、怀疑、对立甚至敌视,这种分裂对人类社会健康发展带来了严重的威胁。一方面,人们对科学的无知会导致对科学与科技政策所可能带来的社会后果的无知,"存在两种不能交流或不交流的文化是件危险的事情。在这样一个科学能决定我们大多数人生死命运的时代","处于一个分裂的文化中的科学家所提供的知识有些只有他们自己懂","从实际的角度来看也是危险的。科学家能出坏主意,而决策者却不能分清好的或坏的"。[①] 这样,科学的发展很容易失去控制甚至可能带来严重的社会危害。另一方面,作为"天然的卢德派"[②]的知识分子,对与科学和技术相关的"工业革命"带有抵触情绪,他们眼中的"工业生产"就像"巫术一样神秘",这种态度导致了人们对工业革命的敌视,进而也就导致了对技术的进步力量的质疑。

综合而言,斯诺所认为的两种文化的分裂主要包含以下几个层面:智识层面,科学文化与人文文化之间的分裂,甚至包括科学文化内部纯粹科学与应用科学之间的分裂(科学的知识内涵与技术的应用内涵之间的分裂);社会生活层面,科学家与人文知识分子之间的误解与抵触;社会发展层面,人文知识分子对工业革命漠不关心;人类命运层面,工业化带来的

---

① C. P. 斯诺:《再看两种文化》,见《两种文化》,陈克艰、秦小虎译,上海科学技术出版社 2003 年版,第 83—84 页。

② C. P. 斯诺:《里德演讲,1959 年》,见《两种文化》,第 19 页。

世界范围内的贫富差距。此后,两种文化的关系问题,也就被称为"斯诺命题"。

斯诺命题产生的根源在于人们对科学概念理解的差异。在古代,科学等同于自然哲学,自然哲学的显著特点便是对终极根源的追问,这种追问的方式在一定程度上带有很强的形而上学特点,因此,科学在一定意义上属于人文的一部分,科学与人文之间很好地融合在一起。到了近代,人们对科学的理解发生了变化,这种变化主要来自两点:一方面,随着自然哲学与数学、实验方法的结合,它具有越来越高的准确性和可预言性,这就与其他的哲学知识产生了极大的差异,使得自然哲学家们开始寻求一种新的学科称谓,这便是"科学";另一方面,随着自然哲学与形而上学之间关系的变化,自然哲学的研究内容也开始发生相应变化,它不再追问宇宙的终极本质,而是开始研究自然中的具体过程、具体的自然对象,由此,自然哲学(即后来的科学)就开始获得了其近代含义。这样,由于研究方法、研究对象、研究取向以及知识结构方式等的不同,科学与人文之间开始发生分裂。20世纪以来,随着大科学研究模式的兴起以及科学哲学内部的一些变化,哲学家们对科学的看法也开始发生相应改变,即科学研究从一项知识追求的事业向实践改造的事业转变。这一转变的根本含义在于,科学不再是脱离人类生活的抽象知识,它成为人类改造自然、改造自身、改造社会的最为积极的力量,在此意义上,科学不可避免地具有了社会性。于是,人们发现,科学和人文实际上在现实生活中是结合在一起的,两者之间的分裂,仅仅是人们把科学从社会中抽象出来并将之概念化为一项纯粹知识的事业,以及把人文从实践中抽离出来并将之塑造为脱离科学和技术而独立存在的抽象领域之后才产生的。如果我们转变视角,将实践中、生活中的科学和人文之间的关系展现出来,就会发现,它们实际上是紧密地纠缠在一起的。

第一节　两种文化关系的历史考察

科学,实际上是一个典型的近代概念。当然,这并不意味着古代完全没有科学思维,只不过,科学在古代呈现出了与近代不同的含义。古希腊科学主要是以自然哲学的形式出现的,其主要工作是追问世界的本源,而近代科学则成为了一项依靠实验和数学对自然进行说明与预测的知识追求的事业。

一、古代自然哲学及两种文化的一体化

在中文中,science 或自然哲学最初被译为"格致"。格致原为中国儒学概念,最初出现于《大学》,后人将之解读为格物穷理,但在中国文化的语境中,这里的穷理并非穷物之理,而是穷人之理,其目的为明晓事理、伦理,而非近代物理学所代表的自然之学。徐光启、利玛窦采用此译法的主要目的在于让中国人更容易接受西学。这种译法一直延续到清末,例如,清末伟烈亚力与李善兰合译牛顿的《自然哲学的数学原理》,当时所用译名即为《数理格致》。不过,这种译法存在一些问题。人们最初采用格致译法,实际上是为了能够减轻西学在中国所可能遭遇的阻力,但到了清末,格致译法反而与西学中源说结合起来,以至于有人提出西方格致之学根源于中国,既如此,也就没有必要向西方人学习了。此外,人们对格致的使用也不是很严格,有时用之代指自然科学的整体,有时用之代指物理学。到了 19 世纪末,康有为从日语中引入"科学"一词用以代替格致。此后,随着中国科学社的成立以及新文化运动的展开,科学彻底取代格致,成为了 science 的标准译法。

科学这一译法,是由日本人西周提出的。西周在欧洲留学时,正直孔德实证主义思想盛行之时,孔德将实证科学分为天文学、物理学、化学、生物学、社会物理学(即后来的社会学)。可见,science 在孔德这里意指分科之学。于是,西周便以此作为科学的译名。当然,这里的分科之学还有一个前提,它必须是一种实证之学。此后,科学这一译法开始在日本得以流行,并最终被引入中文。①

实际上,science 在西方的文化语境中,尽管随着其自身的发展,确实分化成了很多具体的学科,但其本意中并无分科之学的含义。从词源上来看,science 源于拉丁语 scientia,经院哲学家用之表示在亚里士多德三段论或几何学意义上的经过证明而得到的知识。② 可以看出,它最初并

---

① 樊洪业:《从"格致"到"科学"》,《自然辩证法通讯》1988 年第 3 期,第 39—50 页。

② 罗斯:《科学家的源流》,第 7 页。

不具有我们今天所谓通过实验而得到的知识这一含义。在获得这一含义之前,人们在今天的科学领域中的工作,被称为自然哲学。

中国科学社(1915—1959 年)是中国第一个现代科学团体,对中国科学的发展产生了重要影响。在中国科学社的社徽上,仍然有"格物致知 利用厚生"等字,这反映了当时格致与科学两种译法并存的情况。

图 3-1 中国科学社社徽

古希腊自然哲学具有两个根本特征,其一便是对自然本质的追寻。如果翻开英文字典,我们会发现 nature 一词具有两个基本含义,一是自然万物的集合,二是本性,古希腊自然哲学是在后者的意义上使用自然的。如柯林武德指出的,"在现代欧洲语言中,'自然'一词总的来说是更经常地在集合的意义上用于自然事物的总和或聚集",但它还具有另外一层含义,"我们认为是它的原义,严格地说是它的准确意义,即当它指的不是一个集合而是一种原则时,它是一个 principium,αρχη,或说本源"。[1]因此,柯林武德指出,对古希腊自然哲学特别是其早期形态如爱奥尼亚学派而言,"无论何时它的信徒问'什么是自然',他们都立刻将此问题变成'事物是由什么组成的',或者'什么是始基',那在我们所认识的自然界所有变化之下不变化的实体?"[2]

古希腊自然哲学的第二个特征是形而上学的优先地位。一般认为,近代科学具有两个典型特征,即数学和实验。实际上,古希腊人也是非常重视数学的,古希腊各个学派基本都将数学作为其基本课程,柏拉图的学园门口甚至写着"不懂数学者不得入内"。但是,古希腊人对数学的使用与近代科学对数学的使用是存在重大区别的。与近代科学一般将数学和实验视为科学的准则不同,尽管古希腊自然哲学也进行数学计算,也进行实际观察,但在数学和观察背后还有一个更高的准则,一个形而上学的

---

[1] 罗宾·柯林武德:《自然的观念》,吴国盛、柯映红译,华夏出版社 1999 年版,第 47 页。

[2] 罗宾·柯林武德:《自然的观念》,第 31 页。

准则。

这个准则在不同的学派那里会有不同的表现。在毕达哥拉斯学派那里，"万物皆数"，数学也就成为人们认识宇宙本质的有力工具。提及毕达哥拉斯，大家首先想到的必定是毕达哥拉斯定理，据此，人们往往将毕达哥拉斯作为一个数学家。确实，毕达哥拉斯及其学派在数学上做出了重要贡献。但实际上，毕达哥拉斯学派是一个集宗教、科学与政治为一体的组织，其核心教义是追求永生。他们认为，人的灵魂是由宇宙灵魂"流溢"而来的，而人的灵魂要想重回宇宙，摆脱生灭变化的束缚，就必须遵守相应的教规。研习数学就是其中非常重要的一条，因为既然数即万物，那么数学的研习必然也就是认识宇宙本质的重要方式了，而认识了宇宙的本质，那也就意味着人们在回归宇宙灵魂的道路上更近了一步。毕达哥拉斯学派所理解的数是正整数，他们认为 1 对应于点、2 对应于线、3 对应于面、4 对应于体，以至生成万物；同时，万物的比例关系也只能归结为整数之比。可以看出，这是其数学研究的一个形而上学前提，任何违背这一数学前提的研究都是不允许的。例如，毕达哥拉斯学派的成员希帕苏斯发现，按照毕达格拉斯定理，如果一个正方形的边长等于 1，那么，其对角线就成为一个无法表示的数，即 $\sqrt{2}$。但是，$\sqrt{2}$ 与毕达哥拉斯学派的基本教义是相违背的。不过，人们发现 $\sqrt{2}$ 确实很难消灭，只好消灭希帕苏斯的肉体了，希帕苏斯最后被抛进大海淹死了。$\sqrt{2}$ 所引发的这场惨剧，恰恰说明数学研究必须遵循形而上学前提。此外，毕达哥拉斯学派的宇宙模型也非常有特点，他们认为在宇宙中还存在着一个叫"对地"的天体。为什么会叫这样一个名字呢？因为在毕达哥拉斯学派看来，10 是最完美的数字，因此天球的数量也必须是 10 个，但人们当时只发现了地球、月球、太阳、金星、水星、火星、木星、土星和恒星天，少了一个，与他们的形而上学原则发生了冲突，于是，该学派就假想出了一个天体，但是因为人们现实中并未观察到这个天体，因此他们将这一天体放在了地球的背面，名为对地。由于人类生活在地球背对宇宙中心的一面，因此，人们既无法看到宇宙的中心（中心火），也无法看到这个假想的天体（对地）。①

---

① 吴国盛:《科学的历程》，第 114—118 页；陈方正:《继承与叛逆：现代科学为何出现于西方》，三联书店 2009 年版，第 120—137 页。

　　天文学史上著名的拯救现象问题,也是古希腊自然哲学形而上学优先性的重要体现。柏拉图和毕达哥拉斯都认为天体是神圣而又高贵的,而最为高贵的运行方式是匀速圆周运动,因此,天体的运行轨道也必然如此。但有些天体的轨道却并不如此,它们的运行速度时快时慢,运行方向时东时西,这便是行星(希腊语中,行星是"漫游者"的意思)。柏拉图提出了一个问题,如何将行星的运行轨道化归为匀速圆周运动的叠加。这便是拯救现象,即要将行星从那种不高贵的、"不体面"的运行方式中拯救出来。① 后来,天文学家阿波罗尼乌斯提出了本轮-均轮模型,通过圆的嵌套,将行星的运行轨道化归为了正圆。

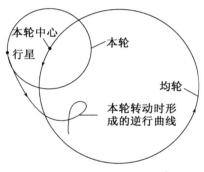

图 3-2　本轮-均轮模型②

　　可以看出,古希腊自然哲学的根本前提在于,透过复杂多变的现象世界,发现背后永恒不变的本质。既然本质是永恒不变的,那么,经验的方法就不是最好的方法,自然哲学也就自然而然成为哲学先验分析的一部分。在此意义上,它仍然是一种人文之学,与近代自然科学有着本质的不同。

二、近代自然科学的诞生及两种文化关系的变化

　　一般认为,近代科学从自然哲学中脱离出来的过程,也就是科学与人文分裂的过程。确实,当科学从自然哲学中脱胎而生时,它与人文文化在价值观、知识观、研究方法等方面的确有了很大的不同。但这并不意味

---

　　①　吴国盛:《科学的历程》,第 78 页。
　　②　钮卫星:《天文与人文》,上海交通大学出版社 2011 年版,第 52—53 页。

着,近代科学在其产生过程之中就与人文截然二分了。

　　如前文所言,科学一词的最初含义是指如逻辑学、几何学这样能够经过证明而得到的知识,它并不指代今天的自然科学。因此,当牛顿用《自然哲学的数学原理》来称谓自己的著作的时候,尽管他采用了几何学的方法来书写此书,但他仍然清楚自己的工作与科学之间的距离。比牛顿略长几岁的洛克在书中写道,宇宙中的大部分事物要么太过遥远,要么太过渺小,都逃脱了我们的注意,对于它们,如果我们能够有所了解,那么也要以少数实验所能达到的程度为限。"但是这些实验在别的时候,是否仍可以成功,那都是我们所不能确知的",因此,"我们就没有物体的科学","在物理的事物方面,人类的勤劳不论怎么可以促进有用的、实验的哲学,而科学的知识终究是可望而不可及的"。① 洛克也谈到了对自然哲学本性的看法,"一个人如果惯做合理的、规则的实验,则他会比一个生手,较能深入物体的本性,并且能较正确地猜到它们的尚未发现的别的性质,不过这只是判断和意见,却不是知识和确实性","自然哲学不能成功为一种科学"。② 在此,洛克所持的并非什么反科学的立场或者对科学的误解,而是因为在他的眼中,科学仍然是传统意义上绝对确定的知识,而物理学等自然哲学学科仍不具有这种确定性,在此意义上,它们不是科学。

　　当然,我们不能说追求绝对确定和终极的知识,就一定是传统形而上学的立场,但传统形而上学确实在很大程度上都是这么做的,而且古希腊自然哲学也是在人们对终极确定性的追求中诞生的,不管这种确定性是世界本身的确定性还是终极知识的确定性。然而,随着科学的发展,人们发现传统哲学与新兴的自然哲学或实验哲学之间形成了鲜明的对比:人们越是使用传统的思辨方法追求绝对确定性,他们之间的争议似乎就越大,因此历史上的那些伟大哲学家们总是各执一词,难以达成一致;但是,当人们开始使用数学的、实证的(观察和实验)方法来研究自然时,他们发现自然哲学在一定程度上具有了很高的确定性,哈雷对1759年3月哈雷彗星回归日期的预言就是科学史上最为典型的例子。尽管自然哲学与其他哲学领域在确定性和共识性等方面表现出了极大的差异,但人们至少

① 洛克:《人类理解论》,关文运译,商务印书馆1983年版,第547—548页。
② 洛克:《人类理解论》,第642—643页。

在名称上并未给予这种新的知识以特殊待遇,人们称之为自然哲学、实验哲学,同时又存在被称作道德哲学之类的研究领域,因此,只从名称来看,新知识并未有所不同。正如学者们所指出的,近代科学革命带给我们的,"不仅仅是哥白尼、开普勒、笛卡尔和伽利略,莱布尼茨和牛顿,还有他们身处其中的更大的工作框架的变化"①,这种工作框架在很大程度上就是他们对知识的看法的变化。也就是说,人们的科学观在发生变化。这种科学观的根本差异在于,当传统科学(scientia)追求因果性知识,追求可以从基本原理推演出来的真理性时,新的科学(science)主要关注物体的运动、性状、位置与结构。尽管后者的词源是前者,但它却开始拥有了新的含义,"不再是前现代哲学和现代早期哲学的典范"。②

在此基础上,物理学等学科开始独享科学的称谓,开始与道德哲学、形而上学等划清界限。1829 年,苏格兰哲学家托马斯·卡莱尔描绘了这一趋势,"从各个方面来说,形而上学和道德科学都将走向衰落,而物理科学将日益受到尊重与注意……外部世界专门发展物理原理,人们普遍倾向于这一研究方法;而内心的知识'只开花不结果'最终遭到遗弃。"随着这种趋势的不断发展,也有人开始对其表示不满,"新式的数学家、化学家和药剂师们中出现了一股风气,他们自诩为与神学家、诗人、艺术家们相对的'科学家'(scientific men)",但是,"道德科学、历史科学、语法科学、音乐科学和绘画科学,所有这些都是人类智慧更高的领域,其准确性需要更为认真地考察,化学、电学或是地理学都难以望其项背"。③ 然而,这种不满在当时科学飞速前进、科学观念逐渐深入人心的年代里,连逆流泛起的一朵浪花都算不上。

于是,科学开始脱离人文、脱离哲学,获得了其现代形态。孔德在此意义上将人类知识的发展划分为三个阶段:神学阶段,形而上学阶段,实证阶段。实证知识是人类知识的最高形态,科学便是这种知识形态的典

---

① Tom Sorell, G. A. J. Rogers & Jill Kraye, *Scientia in Early Modern Philosophy*: *Seventeenth-Century Thinkers on Demonstrative Knowledge from First Principles*, Dordrecht: Springer, 2010, p. 1.

② Tom Sorell, G. A. J. Rogers & Jill Kraye, *Scientia in Early Modern Philosophy*, "Introduction", pp. Ⅶ-Ⅷ.

③ 转引自罗斯:《"科学家"的源流》,第 9—10 页。

型代表。甚至哲学家们也开始主张要放弃传统的哲学研究方法,转而向科学学习,并以科学的方法来重新改造哲学,重新定位哲学。科学哲学就是在这样一场运动中产生的,这也是人们最初称科学哲学(philosophy of science)为科学的哲学(scientific philosophy)的原因。科学与人文之间的关系发生了一个很有意思的反转,从最初的科学从属于人文,因而科学必须采用人文的方法,于是它呈现出自然哲学的形态,到后来的哲学开始向科学学习,进而哲学家们似乎也要对哲学进行改造,进而产生一种科学的哲学了。

图 3-3　伽利略审判

　　从这三幅画做的比较中,我们可以看出科学与神学关系及地位的变化。图 1 伽利略"身穿长袍,跪在画面中间的小高台上,姿势如同乞丐;在他面前的一名主教手握一柄将要倒向伽利略的巨大十字架",庄严肃穆的氛围、拥挤的人群、威武的士兵,所有一切都与伽利略的卑微与悲惨形成了鲜明对比。图 2 中伽利略的姿势发生了变化,他不再跪在地上,而是坐在一个巨型十字架的前面,面对着七位高高在上的法官。这两幅画作都是 17 世纪的作品,两幅画作中伽利略都处于绝对的被审判地位，只不过他的姿势由跪而坐。图 3 是 19 世纪的一幅作品。在这幅作品中，伽利略黑袍加身，与跪在地上、手捧《福音书》的年轻教徒形成鲜明对比。这显然塑造了伽利略虽然饱受折磨但仍不屈服的坚定形象。[①]

我们可以列举出科学与人为之间的很多差异。就研究目标而言，科学求真，而人文则更多求美、求善；就研究方法而言，科学多使用定量和实验方法，尽管想象、联想也都非常重要，但想象和联想的结果则必须在数学和实验的基础上得到检验，而人文研究则更注重历史考察、批判分析等方法，具有一定程度的思辨性，尽管它并不排斥逻辑，但逻辑并不是全部；就思维方式而言，科学追求简单，因此它在不断塑造一种脱离情境的真理性知识，这种知识也就具有了抽象性、理论性的特点，而人文则将视野投入到具体的、个别的现实生活之中，关注的是活生生的生活世界，它必然排斥科学的哲学抽象性特征。在此基础上，科学和人文所使用的语言、所关注的对象等，就都有了根本的差异。

这样，科学和人文的分裂，从历史和逻辑两方面都得到了说明。很多学者都注意到了这种分裂，并尝试将他们重新融合起来。

三、两种文化的争论史

近代科学从其诞生之初，就面临着争议。例如，在哲学研究的方法问题上，霍布斯就与玻意耳发生过激烈的争执，霍布斯坚持传统哲学知识的生产方式，认为不管是真空还是空气的存在都必须经由纯粹理论性的论证而得到辩护，而玻意耳为代表的实验哲学家群体所坚持的实验和集体见证的方法，并不能保证知识的合法性。[②] 再如，在哲学研究的对象问题上，新兴的科学主张研究自然世界的处所、位置、结构等能够量化的第一属性，而反对者们则说，现实世界要远比科学的量的世界丰富得多，世界的这部分特征被科学家们所忽视。英国诗人威廉·布莱克说："艺术是生命之树，而科学则是死亡之树。"如果将布莱克的这首诗与他所画的那副

① 吕凌峰、朱小珂：《画家眼中的伽利略审判》，《科学文化评论》2012 年第 4 期，第 80—90 页。
② 史蒂文·夏平、西蒙·谢弗：《利维坦与空气泵：霍布斯、玻意耳与实验生活》，第 315 页。

著名画作《牛顿》联系起来,我们就会发现,布莱克的意思是,牛顿等人所代表的新科学将自己的所有注意力都放在自然界的数学特征上,而忽视了其背后的丰富多彩。

图 3-4　《牛顿》

　　尽管随着科学的发展,科学所招致的质疑声从未间断,但科学与人文之间的分裂,作为一个学术问题被正式提出是从英国学者斯诺开始的。此后,两种文化是否存在分裂,如果存在分裂,那么两者又该如何融合起来,就成为学术界经久不衰的一个话题。到了 20 世纪末,科学大战的爆发又赋予了这一问题以新的内涵。

拟中国科学社社歌①

赵元任作曲　胡适作词

　　我们不崇拜自然,他是个刁钻古怪。

　　我们要搕他煮他,要使他听我们指派。

　　我们叫电气推车,我们叫以太送信,把自然的秘密揭开,好叫他来服事我们人。

　　我们唱天行有常,我们唱致知穷理。

　　不怕他真理无穷,进一寸有一寸的欢喜。

---

① 　赵元任:《赵元任音乐作品全集》,赵如兰编,上海音乐出版社 1987 年版,第 13 页。

实际上,在 20 世纪初的中国也曾经发生过一场科学和人文的论战,这场论战被称为科学与人生观之争,或称科玄论战。这场争论的爆发,一方面是科学作为一种新思想进入中国所引发的与本土文化之间的争论,另一方面也受到了第一次世界大战后西方学术界对科学的反思思潮的影响。中国科学社是中国近代最为重要的科学团体,它的社歌歌词明显体现了科学派对科学的极度乐观态度,从中可以看到近代科学主义的影响。这首社歌由胡适作词、赵元任谱曲。

(一)斯诺命题

斯诺对文化的使用是多层面的,他曾提及,文化不仅是"智力意义上的",也是"人类学意义上的"。[①] 同时,斯诺也讨论了两种文化的关系对于社会发展和人类命运的影响。由此,正如本章开头所指出的,斯诺对两种文化的讨论,可以归结为以下四个方面。

第一为智识层面。两种文化作为知识体系之间的差异,是人们在讨论两种文化命题时最为看重的方面。斯诺对此着墨并不甚多,这一方面是因为斯诺演讲的主要目的并不是单纯在于强调两种文化之间的差异,而是试图唤起人们对两种文化之分裂的关注,进而寻求融合两种文化的途径,另一方面斯诺更强调两种文化的分裂所带的社会后果,包括两大智力群体的分裂、对待工业化的态度、贫富差距问题等,就后者而言,斯诺大多时候更是从"人类学的"视角入手来展现两种文化在"智力"上的差异的。例如,斯诺指出,科学家群体和文学家群体使用着完全不同的语言,一方的语言对于另一方而言,简直就是无法理解的藏语。此外,斯诺的讨论中也隐含了两种文化在终极取向、研究对象等层面的差异。不过,尽管斯诺的主题是考察科学文化和人文文化之间的关系,但是他也讨论了科学文化内部纯粹科学与应用科学之间的分裂。斯诺之所以指出第二个分裂,显然是为了呼吁全社会要认同工业化,工业化是推动社会发展进而消除贫富分化的可能道路。例如,斯诺这样写道:"绝大多数纯科学家对工业生产极端无知",尽管"可以把纯科学家和应用科学家归于相同的科学文化中,但他们之间的差别是很大的"。[②] 斯诺的这一评价与我们在第二

---

① C. P. 斯诺:《里德演讲,1959 年》,第 8—9 页。
② C. P. 斯诺:《里德演讲,1959 年》,第 26—27 页。

章讨论科学家的形象时对科学家一词的历史的考察是一致的。19 世纪的主要科学家之所以不愿意接受 scientist 这一称谓,就是因为这一称谓出现的前提就是科学的职业化,科学开始成为谋生手段,成为赚钱的工具,他们认为这是对自己工作的贬低。而职业化的科学,在很大程度上就是应用科学,尽管两者并不能完全等同。

第二为社会生活层面。这一层面的重点是文化的"人类学"内涵,尽管也是与其"智力"内涵联系在一起的。这一层面包括以下两个方面。一方面,两大文化群体之间彼此无知,人文学者不了解科学,他们不知道"热力学第二定律"的内容,也不知道"分子生物学"为何物,对于一些重大的科学成就并不了解,如"杨振宁和李政道在哥伦比亚大学的发现,这是一项极具美感和创造力的工作",但是,"我的非科学家朋友"却认为这是"极没有品位"的,于是,20 世纪的艺术几乎全然忽视了科学[①];而科学家也不了解人文,他们对小说、历史、诗歌和戏剧等文学形式并不感兴趣,当然这并不是说科学家对于"心理、道德或社会生活不感兴趣",这"主要是因为传统文化的全部文学看上去与他们的兴趣没有什么关系"。[②] 于是,在有些科学家看来,狄更斯的小说都成为了艰涩的文学作品。另一方面,这两个群体之间彼此敌视,人文学者看不起科学家,因为在他们看来,人文学科所关心的是人类的深层灵魂,而科学家的工作虽然能够提高人类的生活层次和健康水平,但这对一个有灵魂的人而言,并不是最根本的,科学家的那种认为科学可以解决一切问题的"乐观主义态度"是非常浅薄的;而科学家们也认为文学家总是强调生命的体验、精神的领悟、灵魂的升华这些在外在世界根本无所指称的虚无缥缈的东西,虽不能称之为自欺欺人,但也是对人类智力的极大浪费,他们的反知识的态度,更是对整个人类命运极不负责任的体现。于是,斯诺的结论之一便是,两种文化似乎无法共处。

第三为社会发展层面。如果两种文化的分裂只停留在智识层面和社会生活层面,问题似乎还不是那么糟。不幸的是,两种文化的分歧远远超

---

① C. P. 斯诺:《里德演讲,1959 年》,第 14 页。当然,也有观点认为艺术、文学等的发展不可能不受到科学的影响。科学史家霍尔顿就总结了相对论对哲学、艺术、文学等的影响。参见杰拉尔德·霍尔顿:《爱因斯坦、历史与其他激情——20 世纪末对科学的反叛》,刘鹏、杜严勇译,南京大学出版社 2006 年版,第 119—128 页。

② C. P. 斯诺:《里德演讲,1959 年》,第 12 页。

出了这两个范围,开始对人类社会的发展与命运产生影响。在斯诺看来,科学特别是应用科学的发展,是与工业革命联系在一起的。于是,两种文化的问题开始走出书斋,进而与社会发展联系在一起。工业革命极大推进了人类社会的进步,这是毋庸置疑的。但是,"知识分子特别是文学知识分子",天生就具有一种抵制这一进程的倾向。"社会越富有,传统文化与之越远离","有远见的人在 19 世纪中叶之前已开始看到,为了持续产生财富,国家需要在科学领域尤其是在应用科学方面培养人才。不过,没有一个人听,传统文化根本不听,纯科学家也不很积极地去听","学究式人物与工业革命没有任何关系"。① 就如同耶稣会的一位长老在看到开往剑桥的火车时说,"这对上帝和我都是一件同样不愉快的事情。"②知识分子之所以采取这种态度,是因为他们认为技术的发展与知识分子所追求的终极目标毫无关系,当然,纯粹科学家对此也漠不关心,因为这同样与他们的终极目标无关,不管是出于宗教的、伦理的还是自身价值观的考量,这个终极目标总是与认识世界的本质结构联系在一起的,而工业革命与此无关。知识分子的这种漠视态度,是与整个社会的潮流背道而驰的,因为工业化是人类社会发展的最好途径,也是解决人类社会贫困问题的最好途径,"在任何一个国家,只要有机会,一旦工厂能接纳他们,穷人就会离开土地而走进工厂",进而,"工业化是穷人的惟一希望"。③

第四为人类命运层面。斯诺提出两种文化时,正是冷战时期。不过,斯诺对人类共同命运的关注,似乎要比对冷战的关注多得多,因为除了两大阵营的对立之外,还存在着穷国和富国的差别。工业化是摆脱贫穷的最好道路,但是,在当时的世界上只有少数国家如美国、英国以及白人英联邦国家、大多数欧洲国家和苏联完成了工业化,而其他国家则没有。"工业化国家的人们越来越富,而非工业化国家的人们充其量只不过是维持现状。所以工业化国家与其他国家之间的差距每天都在加大。从世界范围上讲,这就是富国与穷国之间的差距。"④穷国如何摆脱贫穷呢?同富裕国家一样,最根本的道路就是工业化。那么,工业化又如何实现呢?

---

① C. P. 斯诺:《里德演讲,1959 年》,第 19—20 页。
② C. P. 斯诺:《里德演讲,1959 年》,第 21 页。
③ C. P. 斯诺:《里德演讲,1959 年》,第 22—23 页。
④ C. P. 斯诺:《里德演讲,1959 年》,第 35 页。

一方面,当时世界上的两个超级大国必须联合起来,共同为穷国提供必要的技术支持和资金支持;另一方面,穷国自身也要通过教育改革,加强对科学家、工程师等专业技术人才的培养。如此,在内外双重力量的推动下,穷国才可能摆脱贫穷,世界范围内的贫穷现象也才会在科学技术的帮助下消除。不过,斯诺自己也承认,这种设想有些天真,他自言只是"发发牢骚",但他又认为这绝对是应该做的事情,"如果我们不这么做,共产主义国家总有一天会这样做",那么,"我们可能既在实践上也在道义上遭到失败"。①

斯诺命题提出之后,得到了很多人的赞同,也遭到了很多人的批评,这种争论在学术界已经不是什么新鲜事了。英国的科学技术史教授大卫·艾杰顿批评说,斯诺对文化的定义并不准确,特别地将物理学家等同于科学家,将文学知识分子等同于人文文化,这种等同太过狭隘,忽视了其他学科领域的存在,同时,斯诺也具有严重的科学主义立场。不过,艾杰顿评价的独特性在于,他从意识形态的角度对斯诺命题进行了考察。斯诺在演讲中刻意塑造了英国科技已经衰落而人们对此却毫不知悉的情形。这种描述与当时英国的主流意识形态比较吻合,因为英国政府所想要做的就是通过夸大斯诺命题,从而营造一种危机感,进而呼吁加大对科学研究和科学教育的改革与支持,保持英国在科技上的领先地位。②

正如艾杰顿所述,斯诺对两种文化的讨论并不严谨,其提出的解决办法也缺乏具体的可操作性,但是,斯诺命题的重要性在于,它在人类生活科技化的时代开启了对科学与人文关系的讨论。

(二)科学大战

1996 年 5 月 18 日,美国《纽约时报》头版刊登一条新闻,纽约大学物理教授艾伦·索卡尔自编自演了一场"学术闹剧",对后现代主义领域的科学批评人士进行了一次"钓鱼执法",向美国著名的文化研究杂志《社会文本》提交了一篇名为《跨越界线:走向量子引力的超形式的解释学》的诈文。诈文一经发表,便引发了学术界的一场轩然大波。世界各大媒体和学术杂志纷纷对此事件进行集中报道和连续追踪,"索卡尔事件"成为

---

① C. P. 斯诺:《里德演讲,1959 年》,第 42 页。

② 大卫·艾杰顿:《反历史的 C. P. Snow》,周任芸译,见吴嘉苓、傅大为、雷祥麟:《科技渴望社会》,群学出版有限公司 2004 年版,第 109—122 页。

科学家和人文学者共同关注的焦点。如果说斯诺所引发的两种文化命题的论战是人类历史上的第一场科学大战,那么,索卡尔事件便是第二场科学大战中的一个标志性事件。

科学大战为何会发生呢?这主要源于科学家对后现代主义解构科学的不满。20世纪下半叶以来,部分激进的哲学家和社会学家开始对科学的客观性、合理性、进步性等观念进行解构,从而向人们展现了科学研究过程中的非理性因素,科学成为了一项社会性事业,科学知识成为一种社会产物。这就是前文曾提及的社会建构主义。实际上,社会建构主义的产生源于对两种文化命题的思考,但其最终的做法确实用科学的主体属性消解了科学的客观属性,即夸大了科学的社会性,而弱化了科学的自然性。这一结论与斯诺的初衷可谓截然相反。

最初,这种解构工作主要停留在学术领域,但随着部分女性主义、后殖民主义、多元文化论者、绿色运动组织等把自己的立场与这一解构性工作结合起来,揭露科学,挖掘科学中的性别编码、意识形态和文化属性等就成为了这些领域的时髦。例如,《科学美国人》杂志的编辑霍根就出版了《科学的终结》一书,书中对一些哲学家和科学家的思想进行选择性解读,最终指出,作为真理取向的科学已经终结,科学发展已经走入自欺欺人的怪圈,科学已毫无前途。

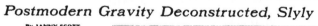

图 3-5　1996 年 5 月 18 日《纽约时报》对索卡尔诈文事件的报道

后现代主义的这种解构立场，最初遭到了传统哲学家和传统社会学家们的激烈反对，这在 80 年代引发了几场论战，但两者并未达成妥协。进入 90 年代以后，科学家们最终也忍无可忍，开始进行反击。1992 年，物理学家温伯格的《终极理论之梦》、生物学家沃尔伯特的《科学的非自然本质》，这两本书都专辟章节对后现代主义进行了概要的批判，吹响了科学大战的号角。1994 年，美国生物学家格罗斯和数学家莱维特合著《高级迷信》一书，对后现代主义的各种思潮进行了系统的反驳，将之界定为学界的新左派，并认为，新左派对科学的态度与第二次世界大战后太平洋岛屿上土著居民的"货物崇拜"无异。①

为了回击《高级迷信》一书，《社会文本》杂志于 1996 年出版了一期名为"科学大战"的专刊。索卡尔的诈文恰好被收录到这期专刊之中。在诈文中，索卡尔将许多著名科学家如爱因斯坦、海森堡、玻尔和著名人文学者如拉康、德里达、拉图尔并置，将现代科学的重要成就如量子引力、相对论、拓扑学与后现代主义的哲学立场如解释学、社会建构主义、女性主义、多元文化论交织在一起，编造了一篇极具后现代风格的学术论文。论文中既夹杂着科学常识的错误，如圆周率和重力常数是一个历史变量、复数理论是数学物理学的崭新分支，又充满着以政治立场取代理论论证的逻辑错误，如从集合的等价推论出性别平等。该文正式发表后，索卡尔随即向《大众语言》杂志提交另外一篇披露性文章《曝光：一个物理学家的文化研究试验》。诈文的讽刺性效应和戏剧效果，使得"科学大战"开始超出学术领域，成为一场声势浩大的社会论战。由于这场论战主要发生在科学家和人文学者之间，因此也被称作自 20 世纪 50 年代斯诺提出"两种文化"命题以来的第二场科学论战。

在科学大战中，双方都认为对方误解了自己。后现代主义者为科学家对他们的误解感到委屈。他们说，他们并不是要揭露科学的虚假与虚伪，而只是在描述科学的真实状态。哲学家拉图尔在接受加拿大广播公司采访时说道："当我对科学实践进行研究时，没人能够理解这项工作。

①　温伯格：《终极理论之梦》，李泳译，湖南科学技术出版社 2003 年版；Lewis Wolpert, *The Unnatural Nature of Science*, London: Faber & Faber, 1992；保罗・R.格罗斯、诺曼・莱维特《高级迷信：学界左派及其关于科学的争论》，孙雍君、张锦志译，北京大学出版社 2008 年版。

人们甚至认为这一工作是在揭穿科学。"而科学家们则认为,后现代主义者不仅不懂科学,而且竟然认为,科学知识及其研究对象都是科学家编造出来的。正如科学家在《物理世界》杂志上大声疾呼的,"实在并非骗局!"①

造成这种误解的根源何在呢?美国社会学家林奇指出:"表面上看,这是一场有关科学的争论,但其争论内容却是哲学的……进而,这就成为了一场形而上学的论战。"②因此,对科学大战根源的分析,也要从哲学入手。总体而言,论战双方在许多哲学问题上针锋相对。

从本体论层面来看,科学家阵营普遍坚持近代二元论哲学,认为存在着外在的客观世界,这也是科学家从事科学研究的基础;而后现代主义阵营则认为世界的客观性、外在性都是人类的建构。当然,这里需要指明,后现代主义尽管认为世界是被建构的,但这并不是指世界就是虚假的,它仍然是真实的。例如,科学史家的研究表明了将水等同于 H_2O 是近代科学的建构,因为此种纯粹形态的水第一次存在于而且只存在于实验室之中。或者说,在近代科学的建构之下,水,开始在日常意义之外,获得了一种新的科学含义。

就认识论而言,科学家阵营普遍认为科学是真理,或具有真理属性,因而是向着真理的逼近;后现代主义阵营则认为,科学是一项社会行为,无法摆脱人类社会的印记,科学的真理性是被科学家建构起来的,在一定程度上,是科学家游戏规则的产物。正如夏平和谢弗从对玻意耳和霍布斯之争的案例中得出的,知识问题的解决方案也就是社会问题的解决方案。

在方法论层面,科学家认为存在着科学研究的客观方法,而且这是人们认识真理的最好方法;而后现代主义阵营则认为,既然真理问题都无法评价,那么方法也就无从谈起,更何况科学研究中充满着修辞、权威、建构同盟等传统所认为的非科学方法,甚至于哲学家费耶阿本德提出,科学方法是"怎么都行"。

---

① Editor, "Reality Is Not a Hoax", *Physics Today*, June 1997.

② Michael Lynch, "Is a Science Peace Process Necessary", in Jay A. Labinger & Harry Collins (eds.), *The One Culture? A Conversation about Science*, Chicago: The University of Chicago Press, 2001.

在价值观层面,科学家普遍坚持事实与价值的二分,从而维持科学与政治之间的二分;而后现代主义则认为现代科学中充满着意识形态的偏见,如女性主义所认为的性别偏见、后殖民主义所认为的文化和种族偏见等。

表 3-1　科学家阵营与后现代主义阵营的对立

	科学家阵营	后现代主义阵营
本体论	存在着外在的客观世界	世界的客观性、外在性是人为构造
认识论	科学是真理或向真理的逼近	科学是语言游戏
方法论	存在着科学研究的客观方法	不存在客观方法,怎么都行
价值观	科学与价值二分	科学中渗透着价值和意识形态的因素

可以看出,科学大战的根源在于,科学家阵营坚持传统认识论工作的独立性,试图在科学与非科学之间划定明确的界线;而后现代主义则坚持科学的社会属性,试图通过社会学的考察来消解认识论的独立性,进而弱化科学与非科学之间的界线,取消传统科学哲学所坚持的科学划界的任务。

既然双方针锋相对,那么,这场科学大战就无法和解吗?索卡尔事件之后,为了说服对方,双方进行了多次对话,有些对话是以和解为目的,有些对话则以对抗性的说服为目的,于是,也就出现了大量的论战性和对话性的著作。1998 年 7 月 2 日,拉图尔和索卡尔曾经在伦敦经济学院进行过一次公开辩论,辩论先由索卡尔发言,他发言的标题是《科学与科学论:一种温和实在论的观点》,拉图尔的发言题为《从科学向研究的历史性转变:兼论客观性的界定与科学政策的任务的变化》,发言之后是互相点评和观众提问。但从辩论的结果来看,就如社会学家富勒所评价的,论战的唯一成果是拉图尔维护了后现代主义在公众中的形象,因为索卡尔对哲学术语的依赖,导致他的论证非常混乱,而拉图尔则"辩护更委婉,批评更透彻"。但从促进两者之间的交流与和解的角度来看,这场争论可以说"无甚成果"。[①]

---

① 斯蒂夫·富勒:《谁的作风?谁的实质?索卡尔与拉图尔在伦敦经济学院的对峙》,见艾伦·索卡尔、德里达等:《"索卡尔事件"与科学大战:后现代视野中的科学与人文的冲突》,第321—324 页。

　　再如，英国生物学家道金斯对相对主义进行了最为素朴也最有力的批判，他说，"相对主义者在乘坐飞机时，丝毫不会担心掉到农田里，这是为什么呢？因为大量按照西方科学训练出来的工程师正确地组装了飞机"，因此，"只要相对主义者坐上了飞机，他就是一个伪君子"。[①] 实际上，道金斯论证的关键是，科学的有效性与相对主义是无法共存的。索卡尔也曾有类似的质问，他甚至提出，可以请那些相信物理定律只是社会约定的人，到他的家里（他住 21 楼）从窗户中跳出去来试验一下能否突破那些物理定律，看看它们到底是客观的还是相对的。[②] 社会学家柯林斯和布鲁尔对道金斯的批判进行了回应，他们的结论是，两者可以共存，因此，后现代主义者完全可以成为"三万英尺高空的相对主义者"。例如，布鲁尔指出，社会建构主义只是认为我们对自然的表征（即科学知识）具有社会建构性和相对性，但自然本身并不是这样的，自然仍然是客观存在的。涉及飞机的例子，即飞机是客观存在的，而关于飞机的知识是被社会建构的。基于此，布鲁尔说他坚持的不是唯心论的立场，因为他不否认自然的存在，他是一个真正的唯物论者；他所反对的知识绝对主义，即绝对真理的观念，而坚持相对主义。或者说，传统立场总是把唯物论和绝对主义结合起来，把唯心论和相对主义结合起来，而布鲁尔的立场则是将唯物论与相对主义相结合。可以看出，布鲁尔实际上是将唯物论和唯心论的对立停留在本体论领域，而把绝对主义和相对主义两种立场局限于认识论领域。但问题在于，如果本体是客观的，而知识是建构的，那么，知识的可靠性的基础在哪里？甚至在有些情况下，本体的客观性又如何保证？对于哈雷彗星的认识，肯定是先有彗星的存在，而后有我们关于它的知识，这时布鲁尔的立场在时间上是站得住脚的，但在逻辑上存在问题，因为如果彗星的知识是被建构的，那么如何保证它的有效性？而对于飞机而言，情况就不一样了，因为一般情况下，科学家们应该先有关于飞机的设想和部分知识，而后开始制造飞机，尽管在制造飞机的过程中，知识本身也在变化，但飞机在很大程度上确实是根据他们的知识而建造起来的，如果这种

---

　　① 　Richard Dawkins, *River out of Eden*：*A Darwinian View of Life*，New York：Basic Books，1995，pp. 31－32.

　　② 　艾伦·索卡尔：《曝光——一个物理学家的文化研究实验》，见艾伦·索卡尔、德里达等：《"索卡尔事件"与科学大战：后现代视野中的科学与人文的冲突》，第 58 页。

知识仅仅是相对的,那么,飞机又如何能够起飞呢?[①]

随着争论的持续发酵,人们也开始意识到和解的重要性。鉴于此,双方多次举行学术研讨会,以期达成和解。但由于两者根本立场的差异,最终谅解只能是部分性的,《自然》杂志的一篇评论文章,指明了科学家的最终立场:科学中存在着各种社会运作机制,它也具有一张"人类的面孔",这是非常重要的,但它对科学真理本身,几乎没有影响。[②] 但在其他方面,例如,能否对当代科学进行社会学的经验考察,能否对科学知识进行相对主义的分析,以及后现代主义的哲学基础是否可靠等,双方的分歧仍然是根本性的。因此,和解的工作任重而道远。

事实上,不仅旧的科学大战的和解没有达成,新的科学大战的号角也已经吹响。这就是部分学者所称的第三次科学大战。由于现代科学不再仅仅是科学家书斋里的知识,而成为了人们改造世界、改造社会的最高效的工具,它已经渗透在了人类生活的方方面面,因此,科学和工程项目从审批、立项,到实施、改造等过程中都充满着各种力量之间的博弈。这样,科学本身的不确定性与社会的不确定性结合在一起,使我们真正进入了一种"风险社会"之中。如果说第二场科学大战是发生在科学家和后现代主义阵营之间,那么,新的科学大战已经走出学术界,成为科学家阵营和各种社会力量之间的混战。全球范围内的气候变化、核能源利用甚至我们深受影响的雾霾等问题,都是这场论战所关注的核心。

(三) 索卡尔事件之后

索卡尔事件是科学大战中的一个标志性事件,它代表着科学家群体与后现代主义阵营之间的信任缺失和彼此误解已经达到非常严重的程度。索卡尔利用诈文事件所要达到的目的是多重的:批判以政治标准取代学术标准(例如性别平等能否进入对科学的评价)、只重权威而忽视逻辑的浮躁风气,最重要的,索卡尔想要表明的是后现代主义阵营天天都在

---

① David Bloor, "Relativism at 30,000 Feet", in Massimo Mazzotti (ed.), *Knowledge as Social Order: Rethinking the Sociology of Barry Barnes*, Aldershot: Ashgate Publishing Limited, 2008, pp. 13 - 33; H. M. Collins, "Being and Becoming", *Nature*, 1995, 376(6536), p. 131. 对这场争论的评价,可参见刘鹏:《三万英尺高空的相对主义者——相对主义与科学的有效性可以共存吗?》,《科学技术哲学研究》2010 年第 5 期。

② Editor, "Science Wars and the Need for Respect and Rigour", *Nature*, 1997, 385 (6615), p. 373.

批判科学，但问题在于，后现代主义者是否真的懂科学？索卡尔事件似乎证明了，至少社会文本的编辑们没有通过考察。①

不过，在索卡尔事件之后发生了另外一件被视为学术闹剧的事件，这就是波格丹诺夫兄弟事件，只不过索卡尔事件的结果证明了后现代主义的学者们没有通过考验，而波格丹诺夫事件则表明，至少部分科学家们也没有通过考验。

2002 年 10 月 22 日，法国图尔大学物理学家马克斯·尼德迈尔在给美国匹兹堡大学的物理学家特德·尼德曼的电子邮件中提到，法国有一对孪生兄弟格里希加·波格丹诺夫和伊戈尔·波格丹诺夫，他们在勃艮第大学获得了博士学位，但是他们的学位论文和所发表的学术论文实际上并没有多大的学术价值，只不过是把一些行话拼凑到一起罢了，毫无意义。这封邮件被公开后，引发了学术界和公共媒体的极大关注，并引发了

---

① 当然，这并不是说后现代主义者或者更宽泛地说人文学者，就不懂科学。例如，拉图尔曾经写过一篇对相对论的符号学解读，其目的在于通过对相对论的考察提出一种新的相对主义立场。有科学家批判拉图尔根本不懂相对论，而只是利用了科学的噱头来提升自己理论的影响力，但是，也有科学家认为拉图尔对相对论的理解是非常到位的。索卡尔批判拉图尔并未理解"参考系"这一术语的含义，他将参考系与"行动者"混为一谈，因此，拉图尔的解读纯粹是"胡说八道"。约翰·胡斯教授也对拉图尔进行了批评，其批评的最后两点是：一方面，拉图尔并没有理解"参考系"的含义，因此他"变戏法似地变出了一个'第三个'观察者"，另一方面，拉图尔竟然认为时钟创造出了时间。（约翰·胡斯是科学史家杰拉尔德·霍尔顿在此使用的笔名）不过，关于爱因斯坦是否认为存在第三个观察者、是否认为时钟创造出了时间，康奈尔大学的物理学教授大卫·默明曾多次为拉图尔辩护。在一篇会议论文中，针对拉图尔对爱因斯坦相对论的解读，他给出了 A⁺ 的分数。在另外一篇论文中，他引用了拉图尔的一段话，"爱因斯坦并没有将仪器（直尺和钟表）作为表征抽象概念如空间和时间的方法，反而，他将仪器作为那些能够产生出空间和时间的东西……就像在科学社会学中的任何建构主义者一样，爱因斯坦在此文本中所从事的第一项工作就是将抽象放回到铭文之中、放回到产生它们的艰辛工作之中"，他对这句话的评价是，"在某些段落中，他[拉图尔]对这些方面[相对论]的理解不仅是正确的，而且非常具有雄辩力"，并认为拉图尔抓住了"相对论的本质核心"。相反，关于某些科学家对拉图尔的批判，他说："它们并没有触及核心问题，就其对'错误'的认定而言，当下的某些攻击是非常肤浅的。"照此看来，科学家们在对科学问题的评价上也是大相径庭的，更不用说人文学者或社会科学家了。相关内容可参见艾伦·索卡尔：《〈社会文本〉的事件证明了什么和没有证明什么？》，见诺里塔·克瑞杰：《沙滩上的房子——后现代主义者的科学神话曝光》，蔡仲译，南京大学出版社 2003 年版，第 10，11 页；约翰·胡斯：《拉图尔的相对性》，见诺里塔·克瑞杰：《沙滩上的房子——后现代主义者的科学神话曝光》，第 288—296 页；Joan H. Fujimura, "Authorizing Knowledge in Science and Anthropology", *American Anthropologist*, 1998, 100(2), p. 359; Bruno Latour, "A Relativistic Account of Einstein's Relativity", *Social Studies of Science*, 1988, 18(1), p. 11; N. David Mermin, "What's Wrong with This Reading?" *Physics Today*, 1997, 50(10), p. 13.

科学家们对兄弟两人学术工作的评价分歧以及对其动机的质疑。

20 世纪 70 年代末,格里希加·波格丹诺夫和伊戈尔·波格丹诺夫开始担任电视节目主持人,他们主要主持一些与科学相关的电视节目。1991 年,兄弟两人出版了一本名为《上帝与科学》的畅销书,后来,美国的一位物理学家与兄弟两人产生了知识产权的争议,双方互相指责对方抄袭。实际上,兄弟两人绝对是高产作家(如果不用学者或者科学家这样的名头的话),仅近几年来他们出版的书籍就有《时间之始》(2009)、《上帝的面庞》(2011)、《恐龙的最后一天》(2011)、《幽灵机器》(2011)、《双重记忆》(2012)、《上帝之思》(2013)、《普朗克卫星的奥秘:大爆炸之前的宇宙》(2013)、《3 分钟理解宇宙大爆炸这一宏大理论》(2014)、《偶然性的终结》(2014)、《宇宙的密码》(2015)等。但兄弟两人并不满足于在娱乐圈和科普界的名声,他们想进入真正的科学研究中。于是,1993 年,兄弟两人开始攻读博士学位。1999 年,格里希加·波格丹诺夫获得了数学博士学位,伊戈尔·波格丹诺夫第一次论文答辩没有通过,在按照导师要求公开发表了几篇学术论文后,他获得了物理学博士学位。

学术界对兄弟两人工作的评价并不完全一致。有科学家认为兄弟两人的博士论文中还是包含了一些原创性思想的,有的说论文的质量也还说得过去,也有人指出兄弟两人的工作与那些已经获得名声的理论物理学家的工作并无二致。但更多的人则认为他们的博士论文和发表的文章毫无价值,加拿大滑铁卢大学的一位物理学家评价说:"往好了说,他们犯了错。最可能的情况是,他们仅仅是堆砌了一些单词,但却没有计算或证据来支持它们。"曾经发表他们文章的学术刊物,也纷纷表态。《经典引力和量子引力》杂志的编辑委员会公开承认尽管他们的文章并未达到该杂志的要求,但却通过了同行评议而进入了杂志之中。《物理年鉴》的主编也撇清了自己与另外一篇文章的关系,他说这篇文章是在他担任主编之前被接受的,与他无关。大部分与两人有过直接或间接关系的科学家们都试图与其保持距离。[①]

当然,也有人提出了其他的质疑或解释。因为兄弟两人是娱乐圈的

---

① Declan Bulter, "Theses Spark Twin Dilemma for Physicists", *Nature*, 2002, 420 (6911), p.5.

人物,因此,将他们的论文理解为与索卡尔事件一样的恶作剧似乎也在情理之中。不过,兄弟两人对此表示否认,并且认为自己确实是本着对科学的热爱而去研究理论物理学的。不管兄弟两人的本意如何,但它在一定程度上达到了与索卡尔事件同样的效果:科学界的同行评议同样存在问题。特别地,理论物理学的某些领域如弦理论及相关领域的同行评议机制受到了人们的质疑。一位科学家甚至指出,"这一事件表明,很多理论物理学在本质上具有思辨性","波格丹诺夫兄弟的工作确实不如人们发表的其他论文那样自洽","但是,整个学术界关于自洽的标准却在不断降低,正是这一点使得他们相信其工作的合理性,并坚信它们可以发表"。[1]

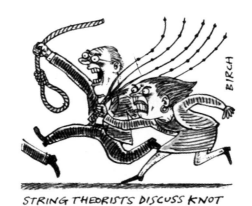

STRING THEORISTS DISCUSS KNOT
THEORY WITH THE BOGDANOFF TWINS.

图 3-6 发表在《自然》杂志的一篇文章,对波格丹诺夫兄弟事件的评价[2]

波格丹诺夫兄弟事件至少反映了以下几点:科学评价仍然是一项主体性的事业,同行评议程序是否客观也就具有了社会性含义;科学研究的某些领域至少目前尚未满足正统科学观所要求的证据标准,它们甚至变得日益"思辨",这就使得科学评价的标准变得模糊;兄弟两人确实对科学怀有情感,他们在科普方面做出了一定贡献。

索卡尔事件和波格丹诺夫兄弟事件说明科学与人文之间的关系在当代变得更加复杂,一方面,科学和人文变得更加专业化,科学内容日益艰

---

① Declan Bulter,"Theses Spark Twin Dilemma for Physicists", p. 5.
② Declan Bulter,"Theses Spark Twin Dilemma for Physicists", p. 5.

深,并远离生活世界,而人文则在后现代的迷雾中更加让人捉摸不定,所以两者的真正沟通变得愈加困难;另一方面,科学和人文之间存在着相互交流的意愿,尽管这种交流在某些方面不甚成功。

可以看出,如果坚持科学和人文的二分,那么,学术界所要解决的问题就是这种二分的表现、二分的根源以及如何克服二分。实际上,并不是所有学者都认为科学和人文是截然二分的,尽管有人并不是在两种文化的意义上提出这个问题的,但他们的工作却为我们思考科学和人文之间的关系,提供了另外一种思路。

第二节 两种文化关系的实践考察

科学和人文确实存在很多不同,但从某些立场上来看,可以说它们在近代发生了分野,但却很难说它们发生了分裂,因为两者以各种复杂的方式纠缠在一起。

一、科学思想史进路

科学史往往会被描绘为科学不断脱离人类思想的其他领域从而走向独立的历史,于是,科学越获得其独立性,也就越具有客观性。然而,科学思想史的研究告诉我们,科学并非孤立于社会之外的特殊领域,它仍然是在社会中得到发展的。默顿曾经考察了宗教对 17 世纪英格兰科学发展的影响,不过,默顿所指出的实际上是科学家从宗教中获得了科学研究的动力。事实上,科学家并不仅仅是从非科学领域获得科学研究的动力,更是获得了科学研究的直接启示。这表明,近代科学并不完全是在数学和实验的基础上诞生的,而后者则被视为标准科学观的核心内容。例如,近代科学的很大一部分来自新柏拉图主义和太阳崇拜传统。

新柏拉图主义的出现为哥白尼体系的诞生、接受与发展创造了很好的条件。在柏拉图看来,现实世界不过是对永恒的理念世界的模仿,柏拉图在文艺复兴时期的继承者们所要做的正是"从一个可变的、易腐败的日常生活世界立刻跳跃到一个纯粹精神的永恒世界里,而数学家向他显示了如何实现这一跳跃"。① 哥白尼完全沉浸在这一传统之中,对他而言,天文学的关键问题是"行星应该有怎样的运动,才会产生最简单而谐和的天体几何学"。② 相对于地心说,哥白尼日心说的最大优点就是数学的简单性。缘于此,最早接受哥白尼观点的人也主要是数学家。当然,除了数学的简单性之外,哥白尼似乎也表现出了对太阳的尊崇,"太阳的王位雄踞在位置的中心。在这个最为壮美的殿堂里,我们还能把这个光芒四射的天体放在更好的位置使它可以立刻普照万物吗? 他有权被称为神灯、心灵、宇宙的立法者;赫尔墨斯称他为看得见的上帝,索福克勒斯笔下的艾勒克塔称他为全视者。所以太阳坐在神圣的王座之上,号令他的孩子、那些绕他转动的行星。"③开普勒则更是表现出了强烈的"数学巫术和太阳崇拜"。他称太阳为"行星的王""世界的心脏","我们应该认为他配得上至高神的称号,他喜爱一个物质性的居所,并选择了一个与神圣的天使同在的地方","并且配得上成为上帝自身的家"。④

当然,也并不是所有的人都支持哥白尼的体系。例如,第谷·布拉赫就对此表示质疑。事实上,哥白尼的日心和地动思想是受古希腊哲学家的启发而提出来的,不过,如果日心说真的有那么多的优点,那么,希腊人以及后来的学者们为什么没有坚持日心说呢? 显然,日心说存在难以克服的困难,如恒星视差问题等。缘于此,第谷拒绝了哥白尼的体系。他提出了自己的宇宙模型,地球居于宇宙的中心,太阳带着其他行星围绕地球运转,这显然是地心说与日心说的一种折中模型。第谷的宇宙模型更是成为中国明代《崇祯历书》的理论基础。⑤

新柏拉图主义的另外一个层面是对上帝的看法。在亚里士多德主义者看来,上帝是一个设计师,他通过其创造物的简洁和秩序来展现其完美,而亚里士多德所确立的那样一个有限世界、那样一个秩序化的宇宙,显然是其最完美的代表;然而,在新柏拉图主义者看来,上帝的完美性体

---

① 托马斯·库恩:《哥白尼革命——西方思想发展中的行星天文学》,吴国盛、张东林、李立译,北京大学出版社 2003 年版,第 126 页。

② W. C. 丹皮尔:《科学史及其与哲学和宗教的关系》,李珩译,商务印书馆 2009 年版,第190 页。

③ 转引自托马斯·库恩:《哥白尼革命——西方思想发展中的行星天文学》,第 129 页。

④ 转引自托马斯·库恩:《哥白尼革命——西方思想发展中的行星天文学》,第 130 页。

⑤ 席泽宗:《中国科学思想史》(下),科学出版社 2009 年版,第 783 页。

现在其创造之物的广度和多样性,因此,一个更广阔、所容纳之物更多的宇宙则更能够代表上帝的伟大。"在文艺复兴时期,复活了的对上帝无限创造力的强调可能已成为引起哥白尼革新的舆论氛围的重要成分……它是文艺复兴之后从哥白尼的有限宇宙向牛顿世界机器的无限空间过渡中的主要因素。"①因此,人们最初所谓的无限宇宙至多是一个"形而上学概念","决不可能基于经验主义之上"。②

可以看出,在近代科学的发展中,哲学甚至神学的思想也都进入了科学之中。正如柯瓦雷所评价的,"这一科学和哲学革命——实际上,在这一过程中不可能将哲学从纯粹的科学方面分离开来:它们相互关联,紧密结合在一起——大致地可以描述为天球的破碎,即在哲学和科学上都有效的,一个有限的、封闭的和有着等级秩序的整体宇宙的消失,取代它的是一个不定的、甚至是无限的宇宙。"③牛顿甚至声明,"讨论诸如上帝的属性以及上帝和物质世界的关系这样的问题是自然哲学的任务的一部分。"④

当然,传统而言,人们一般会说近代科学向神学吹响了战斗的号角。这种说法有其合理性,但也有其不合理的地方。说它是合理的,是因为近代科学确实表现出了从神学中脱离的过程;说它是不合理的,则是因为近代科学在很长的一段时间内是与神学结合在一起的,它们相互纠缠、互相支持。例如,传统观点在谈到布鲁诺时,是这样描述的:"这位勤奋好学、大胆而勇敢的青年人,一接触到哥白尼的《天体运行论》,他火一般的热情立刻被激起。从此,他便摒弃宗教思想,只承认科学真理,并为之奋斗终生","布鲁诺信奉哥白尼学说,所以成了宗教的叛逆,被指控为异教徒并革除了他的教籍","布鲁诺不畏火刑,坚定不屈地同教会、神学做斗争,为科学的发展作出了贡献。他的科学精神永存"。⑤ 但事实上,布鲁诺被烧死的原因,主要并不是因为日心说。在布鲁诺之前,罗马教廷对日心说的

---

① 托马斯·库恩:《哥白尼革命——西方思想发展中的行星天文学》,第130页。

② 亚历山大·柯瓦雷:《从封闭世界到无限宇宙》,邬波涛、张华译,北京大学出版社2003年版,第48页。

③ 亚历山大·柯瓦雷:《从封闭世界到无限宇宙》,"导言",第1—2页。

④ 约翰·H.布鲁克:《科学与宗教》,苏贤贵译,复旦大学出版社2000年版,第7页。

⑤ 林静:《浩瀚的宇宙》,中国社会出版社2012年版,第162—163页。

态度还是相对宽松的,《天球运行论》①一书的出版甚至还得到了很多教会人士的支持,哥白尼本人在书中也表示将本书"献给至圣之主,教皇保罗三世"。布鲁诺本人也并不否认上帝的存在,如其所言,"因此,上帝的卓越得到了赞美、天国的伟大得到了表明;上帝不仅在一个太阳,而且在无数个太阳中受到景仰;不仅在一个地球上,而且在一千个地球上,也就是说,在无限个世界中得到景仰。"②但是,布鲁诺的宗教立场与当时的很多主流观点都发生了冲突。据说,布鲁诺曾经宣称"基督是一个无赖,所有的僧侣都是蠢驴,天主教的教义是愚昧的",而他所主张的是应该用"一种更早的、未受玷污的宗教"来取代罗马天主教,他推崇"巫术哲学",把摩西"描述为一位魔法师",他认为"真正的十字架是埃及人的十字架",而"基督教的十字架是一种微弱的衍生物"。③ 显然,教会之所以审判布鲁诺至少主要原因并不是日心说。或者说,布鲁诺并非因为日心说而遭殃,相反,由于布鲁诺将日心说与自己的异端观点结合起来,反而使得教廷改变了对日心说的态度。与布鲁诺类似,牛顿也持有一些异端观点,例如他在对《圣经》进行仔细研读之后指出,三位一体是后人对《圣经》的有意曲解,因此,他坚决反对这一立场。牛顿的宗教立场差点让其失去在剑桥大学的教职,最后是国王的赦令保住了他的这一职位。④

当然,近代科学在其早期阶段确实带有很强的神学特征,但其后继发展过程同时也就是它慢慢脱离神学的过程。如柯瓦雷所评价的,近代科学革命的结果是"科学思想摒弃了所有基于价值观念的考虑,如完美、和谐、意义和目的。最后,存在变得完全与价值无涉,价值世界同事实世界完全分离开来"。⑤ 然而,当代S&TS的研究却表明,如果我们转变视角,不再将科学视为纯粹的知识,而将之视为一种行动方式,一种与世界打交道的方式,那么,我们就会发现,科学与价值似乎仍然不可避免地纠缠在一起。

---

① 哥白尼的这本著作最初翻译为《天体运行论》,但考虑到哥白尼仍然沿用了古希腊的天球模型,近年来有学者主张将之翻译为《天球运行论》。参见吴国盛:《〈天球运行论〉中译本序》,见哥白尼:《天球运行论》,张卜天译,商务印书馆2014年版,第ⅰ-ⅶ页。

② 转引自亚历山大·柯瓦雷:《从封闭世界到无限宇宙》,第44页。

③ 约翰·H.布鲁克:《科学与宗教》,第40—41页。

④ 詹姆斯·格雷克:《牛顿传》,高等教育出版社2004年版,第86—90页。

⑤ 亚历山大·柯瓦雷:《从封闭世界到无限宇宙》,"导言",第2页。

二、科学实践哲学进路

两种文化问题是 S&TS 得以产生的一个重要社会背景,因为爱丁堡学派最初就是为了解决两种文化问题而产生的。对于以爱丁堡学派为代表的科学知识社会学而言,科学与人文、社会之间,并不存在分裂,因为科学只不过是人文、社会等所代表的利益、权力、修辞等的投射,进而,科学也就成为了一种纯粹的社会建构物。可以看出,SSK 在两种文化问题上的策略是用人文、社会消解科学,使得科学丧失独立性,这最终成为科学大战的诱发因素之一。

科学实践学派是在 SSK 的基础上产生的,其部分学者也是从 SSK 内部转变而来的。他们虽然不太直接涉及两种文化问题,但深究起来,他们的工作在最根本的层面上还是两种文化问题的一个延续,只不过他们对两种文化的讨论有着新的特点。一方面,他们在两种文化各自领域的界定上更加宽泛,科学所代指的不再仅仅是物理学家的知识,而是包括科学知识、科学所带来的自然和社会后果,人文所涉及的也不再仅仅是文学,而是变成了一个宽泛的社会概念,成为了包括人的一切方面在内的概念。在此意义上科学与人文的关系似乎变成了科学与社会关系的考察。另一方面,他们的眼界更加开阔,他们不再单纯考察西方意义上的科学与人文之间的关系,也将非西方世界的科学与文化关系纳入,从而从一个特殊的视角与后殖民主义的研究内容发生了交叉。科学实践哲学对两种文化问题的讨论,可以分为如下几个方面:两种文化问题的经典表述可以区分为两个维度,时间维度代表的是西方人与其过去的前科学时代的决裂,空间维度代表的是科学的西方人与前科学的非西方人之间的割裂;但事实上,两种文化的分裂是一个假问题,分裂从未存在;两种文化从未分裂,并不代表两者并无差异,而只是说两者在实践中是融合在一起的。

(一) 两种文化问题的两个维度

斯诺两种文化命题在智识层面上塑造了科学文化和人文文化的对立,在社会发展层面上塑造了进步的科学家与卢德派的人文知识分子的二分,在全球维度上塑造的是有条件、有能力实现工业化的西方国家与无条件、无能力实现工业化的东方国家之间的区分。可以看出,斯诺命题背后所蕴含的一个基本立场是科学与人文、科学与社会之间是二分的,进而可以说,斯诺仍然是在近代二元论的思路下来考察两种文化的关系的。在科学实践哲学看来,斯诺的这一表述可以区分为两个维度。

从时间维度来看,西方人并不是一开始就是科学的,他们也是在文艺复兴和科学革命之后才变得科学的。因此,现代科学首先所塑造的就是西方人的科学时代与前科学时代的分裂。在科学时代,科学是客观的,它摆脱了人文、社会的入侵,成为了人类知识世界中与众不同的一部分;在前科学时代,科学与人文、政治纠缠在一起,就如古希腊的科学中总是存在着一个形而上学的幽灵一样,那是一个主客混杂、真理被意见所吞噬的时代。在此意义上,现代性、现代化一方面就是科学化、客观化,另一方面就是政治体制的独立,政治不再像前科学时代一样与自然知识纠缠在一起,也不再与宗教纠扯不清,它在科学对世界进行祛魅之后,用理性、逻辑重新改造了自己。这就是现代制度的两翼,科学与政治二分,互不干涉。于是,现代性就具有了时间上的进步概念,而当以这种时间性进步来审视东西方的关系时,进步性就具有了空间的内涵。

从空间维度来看,如果由西方人的科学时代和前科学时代的二分,来审视东西方世界的关系,我们很容易就会达到一种观点:只有西方人才是现代的、科学的,而非西方人则是前现代的、前科学的。因为只有西方人才知道月食是一种自然现象,而非西方人则认为其中蕴藏了某种神灵意志;只有西方人才能将天上的科学和地面的科学统一起来,而非西方人尽管也可能认为天与地是统一的,但他们的前提却是天象预示了人间的悲欢离合,于是天空的天文学与地面的政治学被统一起来,诸如此类。换句话说,西方人看到非西方人时,他们自然而然产生的一种印象便是,他们在非西方人身上看到了自己过去的影子,看到了自己尚未科学化、尚未文明化之前的影子。于是,两种文化的时间二分,就被塑造成了东西方的空间二分,这也正是西方的人类学家进入非西方世界时所坚持的一个前提。西方的科学著作和非科学著作都是分开的,而人类学家为非西方世界的那些原始部落所书写的著作都是将科学、政治、文化、社会、经济、宗教等掺杂在一起的,因为在他们看来,非西方人的世界中科学与文化本身就是纠缠在一起、互为前提的。

(二)两种文化命题的虚假性

但是,两种文化命题的时间和空间内涵在科学实践哲学看来是虚假的,原因在于两种文化从未分裂过。一方面,正如科学思想史的工作所表明的,科学与哲学甚至神学是相互影响、共同发展的,更甚至如科学大战中某些科学评论文章所说,当代科学的某些领域似乎具有了思辨性的特征,而这种特征在近代科学观看来是只能赋予以哲学为代表的人文领域的;另一方面,如果将眼光投入到真正的科学研究过程,我们就会发现两种文化二分的现象从未存在过。

可以看出,科学实践哲学所要求的是一种研究视角的转变。斯诺首先预设科学和人文的差异,而后考察两者差异的具体表现、两个群体之间的关系以及这种二分所带来的社会后果。而科学实践哲学则要求,如果我们能够对科学的概念进行适当改造,那么,两种文化命题就会呈现出完全不同的内涵。那么,该如何改造呢?

我们在理解科学的时候,似乎仍然采用了古代自然哲学的思路,即寻求某个能够对我们的世界做出解释的终极真理。科学与自然哲学的差别仅仅在于研究方法的差异,即科学通过数学计算与实验操作来寻求现象世界背后的规律,而自然哲学的方法则是思辨。但是,我们对科学的这种理解是成问题的,因为人们混淆了一个问题。当我们说科学研究取得成功的时候,我们是说科学家的预期在某些实验操作和现实观察中得到了实现(当然,这种实现是有标准的,而这些标准并不必然是科学的);但是当科学研究完成之后,我们会说科学似乎抓到了现象世界背后的规律或者真理,而且,也只有研究完成之后,我们才会这么说。可以看出,科学成功的标准仅仅是按照科学的手段对世界的操作或干预取得了成功,而并非代表对背后规律的把握。也就是说,我们在现实中所看重的是科学对世界的改造能力,而并非科学的真理性功能,后者仅仅是人们口头上的承诺,而非真实所关心的。科学家成为一种职业,所反映的就是人们试图在用科学谋生,而作为纯粹沉思工具的科学是无法谋生的,这在当下的时代更加明显。某些应用性的工科类专业的同学更容易找到工作,这并不是因为他们的学科能够更好地发现世界的本质,而是在于他们具备了更好的改造自然、改造世界的能力。因此,在大多数情况下,在大多数学科中,科学不再是纯粹的知识,它成为我们与世界打交道的一种方式,而且是最有效的方式。如果以这一科学概念来重新审视两种文化,这一问题就会呈现出不同的内涵。

（三）实践中的两种文化

从历史来看,自然与社会的二分是被以玻意耳为代表的实验哲学家群体和霍布斯为代表的哲学家群体共同制造出来的,在他们之后,科学在实验室内处理着事实问题,政治则在社会领域处理着价值、权利等问题。但这只是玻意耳和霍布斯的继承者所塑造的一种假象。实际上,玻意耳也是一位出色的政治运作者,霍布斯也是一位著述颇丰的科学家。表面上看,两人在科学问题(自然界是否存在真空)上发生了争论,但这同时也是一个政治问题。资产阶级革命时期的英格兰,关乎社会稳定的最重要问题就是权威的来源,玻意耳主张权威只能来自事实,而事实是具备一定资格的人都可以获得的,于是,实验哲学家群体成为了事实的代言者;而霍布斯则试图塑造一个"唯一人格"即"主权者"来代表"统一体",因此他只能允许一种知识、一种权力的存在,如果人们能够诉诸一个更高且不能被主权者所控制的实体(不管上帝还是自然),那么国王的合法地位就会受到挑战。这样,知识秩序的问题就成为了政治秩序的问题。因此,霍布斯和玻意耳在他们各自的著作中,都对诸如上帝、国王权威的合法性、自然的考察方式、科学与政治的边界、下层社会的控制、女性的权利与义务、数学方法的适用范围等进行了讨论。在霍布斯的哲学体系中,公民无法发声,主权者成为了他们的代言人,而代言人与被代言人之间的博弈,则为我们界定了社会领域。在玻意耳的科学体系中,事实自身无法说话,是科学家在为事实代言,但给我们的感觉却是,"他们[科学家们]自己并没有说话;准确地说,是事实在为自己代言"。[①] 于是,现代制度就诞生了。但这种制度从其产生之初就未真正存在,因为对于霍布斯和玻意耳来说,科学与政治是交织在一起的,政治问题采用了科学作为解决手段,科学问题采用了政治的模式作为论证依据。玻意耳的纯粹科学家的形象与霍布斯的纯粹哲学家的形象,仅仅是后人的选择性建构。

从现实来看,在大多数情况下并不存在独立的科学问题或者社会问题,它们往往是纠缠在一起成对出现的。雾霾问题将气象学家、化学家、医生、患者、政府官员、汽车制造商、房地产、媒体等力量结合到一起,臭氧层空洞的扩大将化学家、阿托化学公司和孟山都公司、冰箱制造、空气浮

---

① 布鲁诺·拉图尔:《我们从未现代过》,第 34 页。

尘、国家首脑、生态学家、国际政策、延期偿付、子孙后代的发展权利等联系到一起,诸如此类。

科学实践哲学视野下的两种文化问题具有两层内涵。首先是基本内涵,这主要是指科学与文化、社会总是共同在场的,并不存在单纯的科学或技术问题,甚至在当今生活日益技术化的今天,也不存在单纯的社会问题,因为这些问题也总是与科学和技术联系在一起的。从最简单、最日常的层面上来看,科学和技术已经成为建构我们日常生活的重要手段。在课堂上,我们需要使用电脑、投影等科学化的授课辅助手段,同时也可以在课前、课后采用远程教育和电子交流的方式强化学习和师生交流效果,当然,随着技术的进步,同学们在课堂上开小差的方式也从传统的睡觉、看小说转变为了聊微信、看电影等,师生之间的知识差距也随着网络所带来的信息获取渠道的多样化,正在日益缩小。可见,我们的课堂结构本身已经被科学和技术所彻底重构,离开了科学和技术,我们课堂、校园、社会将不再是它当下所呈现的状态。从更为宏观的层面上来看,由于科学能够带来举足轻重的社会后果,因此它成为了不同利益群体之间进行政治、经济谈判时候的重要内容,由此,科学也就成为重新组织各种社会力量、重新布局各种社会权利、充分分配各种自然和社会资源的重要纽带。例如,在2015年巴黎气候大会召开前夕,媒体发布了名为"一张图了解巴黎气候大会"的图片(图3-7),这张图片清晰地反映出了现实中科学与社会之间的关系。首先,气候变化特别是全球气候变暖是个科学问题,这需要用科学的数据来进行论证,同时涉及发达国家是否应该向发展中国家转让相关技术以及如何转让的问题。当然,科学问题也并不就是完全确定的,2009年11月的"气候门"事件表明,似乎至少有部分科学家在有意操控数据,从而让全球气候呈现出变暖的趋势,科学家这种做法的背后是有深刻的社会原因的。其次,全球变暖也是一个政治、经济问题,它需要各国元首参与,需要各个国家在减排方面做出承诺,需要明确各个国家的责任和义务,同时,也涉及是否应该采取法律方式或者其他手段确保各个国家履行自己的承诺。最后,尽管这张图没有明说,但肯定会涉及它对我们日常生活的影响。显然,为了履行节能减排的承诺,政府必然会推动相应领域的科研攻关,强化节能减排的市场调节和政策调节手段,营造节能减排的社会文化氛围和提倡相应的生活方式。于是,当我们想要购买一辆小汽车的时候,很可能就要考虑到排量问题,因为它涉及你所要缴纳的车辆购置税的多少;电子化、无纸化办公,绿色出行,禁止焚烧麦秸秆,都成为了与普通公众息息相关的低碳生活方式,成为了实现摘掉口罩、消除雾霾的绿色生活的重要途径;同时,生活中也开始出现各种新的节日,世界水日、环境日、地球日、无烟日等。在此意义上,技科学达成了科学、技术与社会之间的一体化状态,它也就分别具有了这三层内涵。

由于技科学的存在,我们的社会日益被科学和技术所改造,因此,我们在进行技术创新时就应该采取更加谨慎的态度。这就是两种文化问题的另外一层延伸内涵。我们是否应该鼓励研究那些有着美好的应用前景但却可能存在潜在风险或至少没有证据表明不存在风险的技术?在某些已经出现危机或即将出现危机的领域,我们是否该鼓励这些领域的技术创新?在技术创新研究中,研究者一般主张实行"预防原则"(precautionary principle),它的含义是说,如果某一行动或者政策可能给公共领域带来严重的伤害,那么,在获得确保其安全性、近乎确定性的科学证据之前,这项行动不能实施。而且,在这种情况下,"对不存在伤害的举证任务,就落到了那些支持这项行动的人身上,而不是那些反对者身上"。[2] 也就是说,在某项技术被采用之前,主张者必须拿出这项技术不会对社会带来危害的证据。不过,这项原则也充满争议。例如,如果

图 3 - 7 一张图了解巴黎气候大会[1]

① 中国气象报社:《一张图了解巴黎气候大会》,http://www. zgqxb. com. cn/xwbb/201511/t20151130_58606. htm.

② Nassim Nicholas Taleb, Rupert Read, et al, "The Precautionary Principle (with Application to the Genetic Modification of Organisms)", arXiv: 1410. 5787, 17 October 2014, http://econpapers. repec. org/paper/arxpapers/1410. 5787. htm.

人们生活的某个方面已经开始面临危机,但新技术的采用又会带来不确定的结果,这个时候是否应该采用这项技术呢?这会导致一个两难境地。同时,从历史上来看,人们对新技术的采用往往是比较积极的,尽管这些技术带来了一定的社会问题,但人们仍然认同这些技术,就如汽车的出现,带来了交通事故的增加、汽车尾气排放的增加、能源消耗的加大等问题,但人们仍然认为这是一项值得延续的技术。再有,当某些国家都采用了新的技术之后,部分国家因为这一原则而延缓某些技术的使用,可能会给这些国家带来巨大的经济损失。可见,技术创新过程凝聚了科学技术、政治、经济、生态环境等多个方面的博弈。

在实践视野下两种文化所具有的这些新内涵,是否能够在哲学的框架内得到表征呢?如果要将这种技术化的社会和社会化的技术纳入哲学的框架之内,那么,就必须对科学的概念进行改造。前文指出,对两种文化问题的传统思考一般将科学视为一种思想,视为人们沉思世界的知识结果。由此,它与人类的其他知识形态之间天然就处于割裂状态,这样,两种文化的分裂就产生了,而接下来的工作便是思考两种文化的融合途径。而在科学实践哲学的视野中,科学不再是一种沉思性知识,它成为了一种行动方式,成为了人类与世界打交道的手段。在此意义上,知识才真的成了力量。作为一种力量,我们所要考察的就是它在人类改造自我、改造社会,甚至重构自我、重构社会的过程中的作用,在这种考察中,科学技术与人类社会的其他方面就成为了一个不可分割的整体,都成为了技科学的一个子集。

本章小结

在人类生活日益科学化的当下,两种文化命题成为一个尤为重要的问题。特别地,网络对人类生活的介入,使得人类可以在网上完成几乎所有的消费行为,人类似乎可以真的做到足不出户了。同时,网络也成为了人们展现其精神世界并与他人进行精神交流的重要途径,这似乎在熙熙攘攘的网络背后,又塑造了一个个孤单的个体。于是,人们对网络便有了各种复杂的情愫,依赖与排斥、信任与猜疑,乐陶陶生活于其中,心戚戚挣脱乎其外,所有这些矛盾的情感都集中在了一起。实际上,网络只是人类在技术化时代的一个缩影,它所代表的是人类对于当代科学和技术的复杂心态。

因此,当我们把科学的概念从沉思世界的知识转变为重构世界的力量时,我们会发现科学、政治、文化、经济等方面都在构成性的层面上融合在了一起。哪里是科学?哪里是政治?哪里是自然?哪里又是社会?所有这些概念的边界在实践中都被打破了。在此意义上,实践中并不存在两种文化的分裂。当然,这并不是说科学与政治、经济毫无差别,而是说它们不再是传统所说的纯粹自然或纯粹社会的领域,它们彼此融入到了对方的界定之中。

■ 思考题

1. 有人说科学问题只有科学家才有资格谈论,因为普通人不懂科学,所以没有资格对科学评头论足。请问你对这种观点怎么看?

2. 查阅资料,谈谈你对发生在中国20世纪20年代的"科玄论战"的看法。

3. 科学一词的内涵经历了哪些历史变化?这种变化对两种文化关系的变化有何影响?

■ 扩展阅读

C. P. 斯诺. 两种文化. 陈克艰,秦小虎,译. 上海:上海科学技术出版社,2003.

艾伦·索卡尔,德里达等. "索卡尔事件"与科学大战:后现代视野中的科学与人文的冲突. 蔡仲,邢冬梅,等,译. 南京:南京大学出版社,2002.

布鲁诺·拉图尔. 我们从未现代过. 刘鹏,安涅思,译. 苏州:苏州大学出版社,2010.

第四章　生活在物的世界

当我们说科学、技术或者技科学开始彻底重构我们的生活甚至重构主体自身时，我们在很大层面上是指科学、技术的现实成果在改造着我们。这种现实成果便是技术物（artifact）。那么，该如何认识这些奇怪的技术物？在哲学的字典中如何为其找到一个合适的位置？这都是在技术化的时代，值得我们深思的问题。

第一节　物的经验形而上学

在传统科学哲学的语境中，物（thing）是不重要的，因为物作为可见的、现象世界的一部分，是深层本质世界的一个外在显现。因此，它本身并不具有哲学地位，它仅仅是作为知识的科学与作为本质的本体之间的中介，中介尽管并非可有可无，因为它可以告诉我们关于本质的一些事情，但它对于知识是否成立从根本上而言是没有多少影响的。在社会建构主义的语境中，不管这种建构主义是宏观进路（如布鲁尔）还是微观进路（早期的拉图尔），物也都未获得真正的哲学关注。对前者而言，他们关注的是社会利益如何通过一系列复杂的社会过程进入科学知识之中，而自然世界，如道金斯所说的飞机，是客观的，因此，布鲁尔放弃了对物进行说明的任务，从而将自己限定在了认识论领域，同时又对认识论和本体论做了割裂处理，使得物的本体论地位丧失了意义；对后者来说，早期拉图尔使用了法国哲学家巴什拉的"现象技术"概念，意思是说实验室内的科学现象都是通过一定的物质技术建构起来的，但是由于拉图尔当时非常推崇布鲁尔的社会建构主义立场，因此，他最后还是通过对实验室内磋商与谈判过程的讨论，将现象的认定、物的建构的任务交到了社会手中，同时因为他所采用的人类学的田野调查方法，因此，他的社会不再是布鲁尔所说的宏观概念，而是被细化为了具体的社会互动过程，于是他的立场可以被称为微观社会建构主义。但是，不管布鲁尔还是早期拉图尔对物的定位,都很难说是一种物的哲学,最多是一种物的社会学,因为物在他们那里并不具有真正的本体论地位。如果要将物或者技术物(现代社会中的物一般都呈现出技术物的特征)纳入哲学的视野,就必须在哲学的层面上对物进行重新界定。

一、物何以为物

与传统科学哲学的先验进路不同,当代 S&TS 的研究普遍采用经验进路。研究进路的不同导致了两者基本框架的差异。先验进路的主要做法是以思辨方式寻求某种普遍框架,从而找到人类一切现象、一切知识背后的共性根基,于是,它必然导致对现实科学研究过程的忽视。经验进路的主要做法是以自然主义方法扎根科学研究的实践,从而找到某一实践形式的个性特征,这必然使得他们必须在情境性的基础上建构起哲学体系。只有在后一框架中,存在于某一具体情境中的物,才真正获得了哲学的关注。

首先,我们要在物与客体、实在之间做出区分。在传统科学哲学中,后两者具有以下特征:本质性,它不具有时间特征;基础性,它是知识得以成立的根基;先验性,无法对其进行经验考察。这决定了对它们的研究只能采取传统形而上学的进路。若要将物的经验性和实存性纳入哲学视野,则必然要求改变对物的界定方式。如果问题是"物是什么?",这是一种实指性的定义方式,其全称性必然要求一种先验界定,因为只有先验界定才能保证这一定义的普遍;当代 S&TS 学者普遍采取了一种述行性的定义方式[①],这一定义将前面的问题转变为"物何以为物",即物是如何获得其当下的实存的,这必然要求一种经验进路。这样,传统的先验形而上学的逻辑进路,就被转变为了人类学的经验进路,很多学者所谓的经验哲学、实践形而上学、经验形而上学都是在此意义上而言的。

视角的转变必然要求对物的思考方式的转变。举例而言,如果我们要给门下一个定义,那么,传统的做法必然是指向一个脱离了具体时空

---

① Bruno Latour, *Reassembling the Social*: *An Introduction to Actor-network Theory*, p. 34. 关于这一界定方式的讨论,同样可参见安德鲁·皮克林:《实践的冲撞——时间、力量与科学》。

的、普遍的门,这种做法自认为找到了门的本质,现实中具体的某扇门也就仅仅成为了它的一个外在显现。在 S&TS 的经验视角下,问题就被转变为,某一扇门是如何获得其当下的存在状态的,它所指向的是物的情境性特征。举例而言,拉图尔曾经通过对一幅漫画的分析,集中展现了他对物的界定方式。[①] 漫画所描绘的故事发生在一个办公室之中,主要角色包括老板普鲁奈尔、员工加斯东、老板的宠物猫和宠物海鸥、门。具体经过如下:最初,猫对着门不断发出喵喵的叫声,老板无法忍受噪音只好给猫开门;猫出去后又想进来,所以在门外不停发出叫声,老板只好又给猫开门;这一场景每天都要发生很多次,于是老板成为了猫的门童。可以看出,在这一故事中,老板、猫、门的力量之间发生了矛盾;可能的解决办法是,将门一直开着,但这会引入一个新的行动者(拉图尔"行动者网络理论"的术语)风,而风又可能会导致老板感冒。于是,老板必须在忍受噪音、门童和感冒之间做选择。为了避免由于老板心情糟糕而受责骂,员工想出了一个办法,在门的下方锯出一个适当大小的孔洞,并在锯下的木板上方安装铰链,于是一个可供猫自由进出的小门形成了。这样,老板避免了上文中的选择难题、猫实现了其自由进出的意愿、员工避免了老板的责骂。在这个过程中,门经历了"被毁坏、重新设计、重新界定",最后在"锯子、螺丝钉、铰链"的调整下获得了新的身份。然而,这时又出现了一个新的行动者海鸥,海鸥在不断地发出叫声,以致老板和员工都无法正常工作,扮演动物心理学家角色的员工对此的解读是,海鸥看到猫可以自由进出,它嫉妒了。员工只好在门的上方又开了一个洞,以供海鸥自由进出。于是,在猫、气流、老板、员工以及猫洞之间形成的短暂而又脆弱的妥协被打破了,代之以另外一个在加入了海鸥的力量之后所带来的新的元素——海鸥洞。门的定义又发生了变化。

① Bruno Latour, "A Door must be Either Open or Shut: A Little Philosophy of Techniques", in Andrew Feenberg & Alastair Hannay (eds.), *Technology and The Politics of Knowledge*, Bloomington: Indiana University Press, 1995, pp. 272–276.

图 4-1 漫画：门的哲学分析①

① Bruno Latour，"A Door must be Either Open or Shut：A Little Philosophy of Techniques"，p. 275.

拉图尔的问题是，在这幅漫画中，门是什么？可以看出，拉图尔对门的定义不再是全称的，而是特称的，即某一具体时空中的门是如何获得其当下实存的。这就开启了对门的建构过程的考察，门不再是先验分析的对象，它所代表的是猫、门、气流、老板、员工、海鸥之间的力量结构关系。在更为一般的意义上，物指代的是在当下的时空中已经不可见或被黑箱化的各种力量结构关系的凝结过程，某物的在场，实际上要以更多他物的缺场为代价，拉图尔用折叠或点化来指代这一过程。折叠的意思是说，不同时空中的行动被折叠到了某一个具体的时空之中，我们要了解物的真正的建构过程，就必须打开这段被折叠了的时空；点化的意思类似，如果我们把某物如门的当下存在状态看作空间中的一个点，那么，要真正了解这个点的定义，就必须把这个点被制造的过程重新打开。当然，在折叠或点化完成之后，这些过程就都已经被黑箱化了。

但科学研究中的对象并不是日常生活中的门之类的物体，它们是否也具有此特征呢？我们以拉图尔对钋的讨论为例来进行说明。如果我们问一位化学家钋是什么，化学家不会直接拿出一个物体，然后指着它告诉我们这就是钋，因为这相当于什么都没说，我们仍然无法知晓钋是什么。化学家的做法是，先设计一个实验，在这个实验中钋会展现出某种特定属性，但具有此类属性的元素很多，因此为了在它们之间进行进一步区分，他必须设计第二个实验，诸如此类。最后，当一系列实验完成后，在每一个实验中都展现出某种特定属性的元素便是钋。由此，钋所指代的并不是外在自存的某一元素，它指称的是这一系列的实验过程。因此，钋的存在并不具有先验性，它是一个经验建构物。只不过随着实验的完成，这一建构过程被黑箱化了，钋从一个"行动之名"（name of action）转变为了"物之名"（name of a thing）①，因此，我们误认为钋是先验自然的一部分。在此意义上，自然并不是科学研究的前提，它只是科学研究结束之后的一个虚假构造。这就是自然先验性的建构本质。

于是，物之所以为物，不是因为它有一个永恒的本质，而这个本质满足了它的定义，而是因为它在各种力量的不断争吵、谈判、妥协、重构过程中获得了当下的存在状态。物的存在似乎是由其建构性来保证的。在此

---

① 拉图尔在此所说的物（thing），更相近于实体的概念，不同于本章所讨论的物。

意义上,物成为了一个本体论的概念。那么,该如何理解它的建构性与实在性之间的关系呢?

二、物的建构性与实在性

很多人对 S&TS 有一个误解,如果说某物是被建构的,那么,它便是虚假的、无效的。如道金斯的飞机的例子,如果飞机是被建构的,那么,飞机便是虚假的、无效的,它就不可能具有飞行的能力。这实际上是一个误解。这一误解有两个层面,物的虚假性和无效性。在此我们主要考察第一个层面。

实在性是指知识或知识对象的真实性。涉及第一个误解,人们必然会得出结论,S&TS 否认了对象的真实性,当然也否认了知识的真实性。知识的问题我们在第一章已经讨论过了。本章主要考察对象的真实性问题。S&TS 所关注的对象主要指物,因此,我们的问题就是物的真实性问题。

人们之所以会对 S&TS 的物概念产生这种误解,是因为人们心中的实在还是一个如前文所说的本质性、基础性的概念。物的建构性赋予了物在本质上的多变性,这就使得物不可能具有传统实在概念的上述特征。但事实上,S&TS 却又经常说物是实在的,那该如何调和这两者之间的矛盾呢?他们的做法是从根本上改变对事实或实在的传统定义。

首先,我们来看一下 S&TS 对事实这一概念的使用。事实(fact)一词最初是与 doing 和 making 联系在一起的,意指某种被制造的东西,17世纪以后,它慢慢获得了"非人造"的含义,甚至指代被给予(given)的东西。[①] 在此意义上,科学哲学自休谟和康德以来一直纠缠于下述矛盾中,"一方面,事实是在实验中被制造出来的,从未逃脱其人造背景,另一方面,就本质而言,事实又不是人造的,[实验中]出现了某种非人造的东西。"[②] 而拜物(fetish)一词则与事实相反,它本身空无一物,就如一张白

① Bruno Latour, *Pandora's Hope: Essays on the Reality of Science Studies*, Cambridge, Mass.: Harvard University Press, 1999, p. 127; Lorraine Daston, "The Coming into Being of Scientific Objects", in Daston (ed.), *Biographies of Scientific Objects*, Chicago: The University of Chicago Press, 2000, p. 1.

② Bruno Latour, *Pandora's Hope: Essays on the Reality of Science Studies*, p. 125.

纸,等待着人类情感、希望、意志等的投射,在此情形下,人们反而遗忘了它的物质属性。于是,传统实在论者成为了事实主义者,而社会建构主义则成为拜物主义者。巴什拉曾经说过"事实是被制造的"(un fait est fait)[1],就是在词源的意义上来使用事实一词的。由此可见,事实最初是被制造的,但制造出来之后就是真实的了。例如,哈金提出了"创造现象"的观点,其含义是指现象或事实可以由科学家在实验室里创造出来,如"霍尔制造出了这一现象[霍尔效应]的存在"。[2] 当然,这里的创造并不是神学意义上从无创造出有,而是基于实验室内的物质性仪器和科学理论创造出来的。由此可以看出,传统认为某物是事实,那么,它便从古至今一直是事实,不具有时间性;如果某物不是事实,那么,它就永远不可能是事实。而 S&TS 学者们所说的事实则具有了时间特征,某物可以在某个时刻之后成为事实,在此之前,它并不存在。

其次,S&TS 同样在 reality 的词源层面上指出,"如果实在具有什么含义的话,那么,它所指的就是'阻抗'(resist)……一力之重压的东西……那些无法被随意改变的东西就是被视为实在的东西"。[3] 这样,实在就不是指代具体的某个物,而是指"阻抗的梯度",它具有了程度性特征。这里的阻抗,实际上就是指各行动者之间发生关系的方式,我们在具体情境中可以用很多其他的词来代替它。如果用逻辑的术语来说,实在就从一个二值逻辑的概念,被改造为了多值逻辑,它的真值并不是有 0 和 1,还包括了从 0 到 1 之间的众多状态。拉图尔对阿哈米斯(Aramis)的"恋爱史"的考察,就清晰展现了这种本体论地位的可变性。由此,实在被改造为了实存(existence),甚至"相对实存"。在此意义上,拉图尔将萨特的"实存先于本质"的口号扩展到物之上,甚至提出"本质就是实存,实存就是行动"的观点。顺此思路,某物取得实在地位的条件是,它必须处于与他物的关系网络中,并由这种网络而获得界定。就如我正在写的这本书,作为一本书,目前它的存在状态既非 0 也非 1,也就是说既不能说不

① Bruno Latour, *Pandora's Hope*, *Essays on the Reality of Science Studies*, p. 127

② Ian Hacking, *Historical Ontology*, Cambridge, Mass.: Harvard University Press, 2002, pp. 14 – 15.

③ Bruno Latour & Steve Woolgar, *Laboratory Life*: *The Construction of Scientific Facts*, p. 260.

存在,也不能说完全存在,它处在由不存在走向存在的过程中。如果它最终被正式出版了,它就获得了存在状态;如果它最后被取消了,它可能就消失了。当然,它的部分内容也可能会被改造并以其他的方式呈现出来,那么,它可能会部分性地存在于其他的书之中、老师的课堂讲义之中,如此等等。当然,教材出版之后,是否能够获得完整的地位,也取决于它所处的关系网络。如果同学们把它买回来之后束之高阁,它就仅仅是一堆纸,或者等到毕业的时候连同其他书籍一起换了西瓜,它又成为了废品,而废品收购员如果又将它作为二手书卖给其他同学,它则又可能获得书本的身份。所以,"本质就是实存,实存就是行动"的意思便是,物的本质是由它当下的存在状态决定的,而当下的存在状态是在它的行动中展现出来的,于是,物也就没有了本质,因为既然本质处于不断变动之中,那也就无所谓本质了。

按此思路,S&TS所要考虑的问题就不再是"它是实在的还是建构的?",而是"它是否被建构得足够好,从而能够成为一个自治的事实?"就如我们去买电脑或者其他东西,我们都不会希望自己所买的物品经常出现问题。出现问题也就意味电脑的事实地位消失了,而是否会出现问题除了与大家的使用习惯相关外,也与产品的质量有很大关系,而产品的质量所反映的实际上就是它的建构过程的质量。在此意义上,拉图尔的观点是"越建构,越实在"①,也就是说,如果某物的建构性越强,它保持事实地位的能力也就越强。于是,物的建构性与实在性被统一起来。

在此意义上,拉图尔说,就像光具有波粒二象性一样,物也具有行动者—网络二象性:作为行动者,它所指代的是已经被隐藏起来的网络;作为一段网络,它又只能以行动者的方式展现出来。② 简单而言,不管在日常生活还是在科学研究中,物都是实践的结果,而非前提和出发点,因此,对物的本体论考察就是要将物的这种隐蔽性、那段不在场的"网络"展现出来。

当代S&TS学者通过大量的案例研究工作践行了这一立场。有学

---

① Bruno Latour, *Pandora's Hope: Essays on the Reality of Science Studies*, p. 274.

② Bruno Latour, "Networks, Societies, Spheres: Reflections of an Actor-Network Theorist", *International Journal of Communication*, 2011, 5, p. 800.

者通过对化学史的考察指出,许多物质都是"化学制剂或人工制造物",就如水一样,H_2O 与自然状态的水不仅在"化学意义上"相差甚远,甚至"拥有不同的所指"。[1] 拉图尔提出了一个更具争议性的问题,"在学者们发现某些对象'之前',这些对象存在于哪里?"其回答是,"在科赫之前,杆菌并不具有真正的实存",因此,"在 1976 年……拉美西斯二世死于结核病"。[2] 这一观点尽管颇受争议,但如果站在一种经过经验化改造的物概念的基础上,也就不难理解。达斯顿因循巴什拉的认识论障碍的概念,在日常对象与科学对象之间进行区分,并将对科学对象的上述立场称为"应用形而上学"。她指出,纯粹形而上学站在"上帝之眼"的立场上分析这个世界上的永恒存在和普遍存在,而应用形而上学"研究的则是一个动态的世界,这个世界中的对象从实践科学家的视野中出现和消失",进而可以说"科学对象开始存在",实在具有了"程度性"特征。[3] 与达斯顿的应用形而上学将视界停留在科学对象的领域不同,拉图尔所谓的实践形而上学认为万物皆是如此,他对门、宾馆钥匙等日常物的分析,同样贯彻了这一立场。

三、新的唯物论哲学

在 S&TS 看来,传统的唯物论立场总是"诉诸某一类型的力量、某些实体和力,以使分析者能够说明、祛除或认清其他类型的力量","[它认为我们]可以通过物质基础来解释概念性的上层建筑"。因此,它可以帮助我们拆穿"那些试图隐藏在诸如道德、文化、宗教、政治或艺术背后的最真实的利益"。但这种唯物论在两个层面上都是唯心的。一方面,它坚持"认知方式的几何化"与"被认知之物的几何化"之间的"符合",因为人们将几何性质视为被认知对象的第一性质,从而将其第二性质消除殆尽。但事实上,对任何一部机器而言,作为一副设计图纸,作为"内在于长久以来的几何史所发明的同位空间的一部分"而存在,与"作为一种能够抵御

---

① Ursula Klein & Wolfgang Lefèvre, *Materials in Eighteenth-Century Science*, Cambridge, Mass.: The MIT Press, 2007, p. 70.

② Bruno Latour, "Ramsés II est-il mort de la tuberculose?" *La Recherche*, 1998, 307, pp. 84 - 85.

③ Lorraine Daston, "The Coming into Being of Scientific Objects", p. 1.

侵蚀和腐烂的实体而存在",完全不是一码事。因此,旧唯物论的错误就在于坚持"物自身的本体论性质"与"图纸和几何空间……的本体论性质"的等同性,事实上,物的世界与抽象概念的世界尽管有关联,但并不同一。柯林斯对此进行了十分详尽和技术化的考察,指出了从概念到现实之间的操作性差距,借用哲学家波兰尼的概念,称之为默会知识。一方面,即便某些科学家成功制造出了某种科学仪器如名为 TEA 的激光器,他们有时也无法明确说出这些激光器能够取得成功的原因,正如科学家们所说,"直到今天,关于如何使这些装置正常工作,仍没有一个明确的想法。现在,我们甚至发现关于如何控制这些装置性能的问题还是未知的",以至于"即使是成功制造出能工作的激光器的那些人,也并不完全理解它"。① 另一方面,在知识的转移与流动过程中,即便是信息提供者给出了最详尽的说明,很多情况下知识的接受者也无法正确进行实验设备的建造、组装或使用,这就像是在学习游泳一样,哪怕你了解了关于游泳的所有科学知识,但你仍难获得游泳的能力,因为游泳是一项技能,这种技能型知识是很难通过语言就可以传达的,它需要在实践中不断摸索才能习得。从认识论的层面来看,S&TS 也普遍否认知识的效力来自那些抽象的概念、图纸,因为这种效力总是在实践中体现出来的,因此,知识的效能成为了科学实践的一种特征,而这种特征的默会性、情境性,使得它具有了某种程度的地方性。

在此意义上,这种唯物论立场便具有了很强的唯心论的特征,因为它们用以作为知识根基的那些实体、力量或基础仍然都是抽象的概念,尽管人们会赋予这些概念以物质性的特征,但正如唯心论所说的理念、精神一样,它们仍然是抽象的理论术语。于是,拉图尔说:"在每一个唯物论者内心深处都沉睡着一个唯心论者。"② 而真正的唯物论则抛弃那些抽象概念,进而将一切奠基于真实的实践之中。由此,实在的关系性内涵被塑造

① 哈里·柯林斯:《改变秩序:科学实践中的复制与归纳》,成素梅、张帆译,上海科技教育出版社 2007 年版,第 47—48 页。

② Antoine Hennion & Bruno Latour, "How to Make Mistakes on so Many Things at Once—and Become Famous for It", in Haus Ulrich Gumbrecht & Michael Marrinan (eds.), *Mapping Benjamin: The Work of Art in the Digital Age*, Stanford, Calif.: Stanford University Press, 2003, p.96.

成这种新唯物论的本体论根基。因为只有以真实的关系为根基所塑造出来的物，或者说只有把物理解为实践中的各种要素相互作用的真实结果，人们才不会在真实实践过程之外寻求某种抽象的、外在的实体来作为解释资源。这样的唯物论才是真正的唯物。

在此意义上，S&TS 赞同海德格尔对物的观点，将物界定为一种"集合""聚集""物化"的过程，物不再具有内在的固有本质，它所指代的是各种因素在聚集过程中聚合为物的过程。因此，旧唯物论对物和技术的界定，忽视了它们的"物性"，只能是一种唯心式的唯物论。而拉图尔则主张从物的角度来思考世界，从而践行一种真正唯物的唯物论。这样，S&TS 对唯物论、建构论和实在论的讨论也就协调起来了。

第二节　物的哲学

新的唯物论哲学将所有的注意力都投向且只允许投向实践，它消解了那些在实践之外的抽象概念的本体论地位。这种视角的转变，要求我们对很多基本的哲学概念进行重新定义。

一、主客二元结构的坍塌

传统二元论哲学将客体性赋予物与对象的世界，将主体性赋予人，这两者不仅分割，而且为客体和主体所独享。但是，如果我们将眼光投向现实生活，就会发现有很多东西是无法被放入这个框架之中的。生活中的一个例子可以非常形象地说明这一点。南京大学针对本科一、二年级的学生曾出台过一个名为《南京大学学生早操管理办法》的规定，为了提高同学们加强体育锻炼的积极性，该规定要求同学们每周一至周五早上 6：40 到 7：20 之间需要到学校的东门或南门刷卡，每周一至周六下午 4 点至 5：30 到体育馆刷卡，如果某位同学在一学期内刷卡的次数达到一定数值，那么，他的体育课成绩是正常的，如果达不到，那么只能得 60 分。现在让我们假设这样一种情况，如果某位同学早上非常痛苦地挣扎着起了床，辛辛苦苦穿过偌大的校园，终于到达了校门口，但这时他发现自己没带校园卡，会有什么样的结局呢？再假设另外一种情况，这位同学到达校门口，然后掏出校园卡，这时他发现了一个悲剧性的情况，他错拿了舍友的校园卡,结果又会如何呢?第一种情况下,他只能接受没有跑步的结果,尽管每个人都知道学校设立这一规定的目的是为了帮助同学们锻炼身体,而不是检验校园卡的耐用度;在第二种情况下,如果他刷了卡,那么,结果便是他没有跑步,而他的同学跑步了,尽管我们也知道他同学确实没跑。于是,问题便产生了,在这个例子中,人是不是可以独立拥有自己的主体身份呢?物是否就是属于客观的、外在的、无意识的物质世界的东西呢?绝对不是,人在很多时候需要物的帮助来让他获得人的完整身份,而物在很多时候又在一定程度上可以独立承担主体的某些功能。这就是在现代社会中,随着科学和技术向人类生活的彻底渗透,人类社会开始出现的一些悖论性结果:我们开始生活在一个既简单又复杂的世界之中,一个向往着简单但却又不得不接受简单所带来的复杂后果的世界。

当代 S&TS 哲学立场的出发点便是这样一个矛盾性的世界。从这个矛盾的世界出发,我们需要对人与物、主体性与客体性进行重新界定。

人无法独立获得主体的身份,主体必须在与物的共同存在中塑造自身。一方面,人的存在会内折物的属性。以巴斯德为例,在巴斯德"遭遇"(S&TS 领域一般不用"发现"一词)细菌之前,他不过是位于里尔的一个小实验室的结晶学家,但在这之后,他成为了一位生物化学家。可以看出,细菌为巴斯德的界定带来了本质性的变化。在此意义上,巴斯德的存在方式中内化了细菌的属性。

我们再看一个更加具体的例子。在法国的香水制造业中,具有非常灵敏的鼻子、能够辨别香水的细微味道差别的人显得非常重要,因为他们的鼻子和专业的判断能力是一种香水能否畅销的关键因素。我们可以称之为鉴香师或者辨香师。但是,这些人灵敏的嗅觉也并不完全就是天生的,他们都接受了一种名为辨香器的工具的训练,这种工具中包含了从最柔和到最刺激的各种气味。在这种工具的帮助下,哪怕是一个最初只能分辨香味和臭味的鼻子,也能辨别出某些气味之间的细微差别。这里的问题是,这个鼻子还是最初的那个鼻子吗?这个人还是最初的那个人吗?显然,他已经发生了变化,因为他开始具有了一项新的能力、新的主体属性,但这种属性却不是从他自身而来。在此视角下,人的身体就不再是"某些更高级范畴——如,不朽的灵魂、普遍性或者思想——的暂时栖居地",它成为了主体与物质世界的一个交界面,成为了物的属性进入主体内部的通道。于是,辨香器开始成为身体的一部分,甚至可以说,"辨香器是与身体同在的"。①

另一方面,设想一下我们第一次购买一台数码相机、手机或者其他种类的技术产品,我们会仔细研究产品的说明书,目的是为了能够操作这些产品。然而,这里存在一个问题,因为产品说明书所预设的是一个一般性的行动者,而我们都是以个体行动者的身份存在的,这样,两者之间很容易会存在一个"执行裂隙"。换句话说,在这种情况下,主体无法单独凭借自身而获得某种行动能力。为了弥补这一裂隙,我们需要不断地实践,需要不断地从其他地方"下载"其他信息,从而获得这种能力。就像是打开一个网页,也有可能会弹出一个窗口,上面写着"请下载某某插件",如果我们不下载,可能什么都看不见。设想一位在超市购买商品的正常的消费者;"正常的",意思是说他能够进行某些合理的判断从而选择物美价廉的商品。但是,这位消费者即便再理性也得借助于标签、商标、条形码、重量、价格、消费向导、与同行消费者的攀谈、广告等,如果离开了这些,他的理性行为将无法做出。因此,人要获得在某一情境下的行动能力,就必须从物的世界不断地下载插件,下载他物的属性,只有这样才能成为具有一定行动能力的主体。

从这两方面可以看出,主体的属性似乎并没有被封存在人的体内且在现实世界的激发下展现出自身,相反,它必须在与物的世界、与他者的世界的不断互动中获得自己的崭新界定。主体性成为了流通于人和物的集体之中的一种属性,"主体性似乎也成为了一种流动的能力,成为了某种与特定的实践体联系在一起的、可以部分性地获得或丧失的一种东西"。② 离开了人,离开了物,离开了插件,离开了流动中的行动者,主体性将无法实现。

同时,作为非人类身份存在的物,也无法再被封存在客体一极。客体除了具有客观性、外在性等特点之外,它至少还是一个"拥有明确的边界、

---

① Bruno Latour, "How to Talk about the Body? the Normative Dimension of Science Studies", *Body & Society*, 2004, 10 (2 – 3), pp. 205 – 229.

② Bruno Latour, "On Recalling ANT", in J. Law & J. Hassard(eds.), *Actor Network Theory and After*, Malden, MA: Blackwell, 1999, p. 23.

明确的本质"①的东西。但是,物在实践中不断重构或被重构着与其他要素的关系,因此它是一个永远处于界定过程之中的概念,对它的任何一种界定都是暂时性的,它并没有一个明确的本质和边界。

物与人的这种关系主要通过内折与规约两个过程来实现。一方面,物会内折人的因素,当然它也会内折他物的属性。就如在门的例子中,加上了猫洞的新的门,它内折了原有的门、猫、风、老板、员工等要素的属性。我们生活中有很多这样的例子,红绿灯是人们的技术性成就和制度性要求不断内折的产物。内折的结果是,门成为了人类角色的一个替代者,它替代了老板作为门童的角色,而红绿灯则成为了人类规则的执行者。因此,门不再是一个纯粹的客体,红绿灯也不是一个与人无关的物。它们在内折了人类属性的同时,也分有了人类的存在。

但是,人们为什么会觉得这些东西是客观的存在呢? 这是因为,在内折实现的过程中,各种力量是共同在场的,就如门的例子中,门、猫、风、老板、员工、海鸥都处在力量的纠缠之中,但是,当技术建构完成之后,也就是说,当加上了猫洞、海鸥洞的门被制造完成之后,最初共同在场的这样一个力量的参考系发生了坍塌,那些最初在场的各种要素,开始消失了,最后只留下了一个最终产物。于是,人们会觉得门、红绿灯、减速带、电脑等一切都是客观存在的。但是,如果将黑箱打开,将其中缺场的在场者发掘出来,我们就会发现,它们并不是客观的、外在的,而是将其他时空参考系中的行动者的行动内折其中,当然,这同时包括物的行动和人的行动。因此,就如人不再是主体,而成为拟主体一样,物也不是客体,而成为了内折了物质因素和人类因素的拟客体。

另一方面,物也会对人发生反向的规约作用。就如在门的例子中,门是人类非常聪明的一个发明。人类想要获得安全舒适的生活环境,于是,人们建起了围墙,并为之加盖房顶,它们可以为人类挡风遮雨。可如果四周都是墙,房子也就成为了监狱,人类就无法自由进出了,于是人们在墙上打一个洞,以实现自由进出的需要,但是这个洞却又破坏了墙的完整性,降低了人类生活的舒适度。于是,门的出现解决了墙—洞之间的两难

---

① Bruno Latour, *Politics of Nature*: *How to Bring the Sciences into Democracy* (tr. by Catherine Porter), Cambridge, Mass.: Harvard University Press, 2004, p. 22.

选择。但是,比如在一些商场或其他公共场合中,有的人在进门或出门之后,很容易忘记关门,这样,墙与洞的矛盾就又出现了。为了解决这个问题,人们便在门上贴上纸条,上面写着"请随手关门"。在这种情况下,尽管随手关门的人数增加了,但相当部分的人还是忘记关门。这个问题的解决只能依靠门童。但是人类往往是不可靠的,因为门童可能会睡着,可能会溜出去玩,可能会去厕所,所以,人们发明了可以自动开关的门。由于最初的门需要有人来按下按钮来打开,于是它要求使用者必须具备一定的身高并具有一定的操作能力,而且,必须迅速穿门而过,因为你可能会被随即关上的门夹住,现在的电梯也经常发生夹人事故。为了解决这一矛盾,人们进一步将门改造成感应式的。最终,人可以自由进出,门可以随人而开合,墙与洞的矛盾、出入者与门童的矛盾得到了解决。从这个过程可以看出,在不同的阶段,物会对人的行为提出不同的要求。最初的原始版本的门,要求人自己开门,随后自己关门,尽管很多人会忘记;加入门童之后,它要求门童对门进行开与关的操作;自动门要求人能够操作这一开关装置,并能够迅速穿过大门;而最终感应式大门对人的要求最低。可以看出,在这个过程中,物对人的行为方式不断地提出要求,这就是物对人的规约作用,进而,物通过这种规约作用完成了对人的不断的重新定义。

可以看出,主体与客体、人与非人的界线在这种实践层面的相互界定过程中崩塌了。拉图尔、卡隆等社会学家提出广义对称性原则来指代这种界线崩塌之后的世界。不过,要注意的是,广义对称性原则尽管要求研究者要在自然与社会、人类与非人类之间进行对称处理,但并不是说,人与物毫无差别。有很多学者认为,广义对称性原则否认了人的特有属性,如意向性,这种理解是成问题的。实际上,拉图尔等人并不否认意向性,而只是说意向性不是人能够独立拥有的,它是人类在与物的世界的互动中不断习得、巩固和更改的属性。简单地说,人确实有意向性,只不过这种意向性是在与物的关系中形成的。事实上,广义对称性原则并不是拉图尔等人学术思想的出发点,而只是他们方法论的一个结果。上文讨论展现出了这种方法论的内涵,广义对称性也就是一个自然而然的逻辑结论了。正如劳所说,"思考、行动、书写、爱、挣钱——所有这些我们通常将之归属于人类的属性,都是在网络中生发出来的;这些网络不仅在身体内部通行和分叉,而且也超越了身体。因此,[我们才提出了]行动者网络这一术语———一个行动者也总是一段网络。"①

　　二元结构坍塌之后存在的是什么呢? S&TS 学者们为之加入了很多的名称,有的称之为拟客体、拟主体,意思是说它们尽管表面上看似客体和主体,但实际上并不是,这只是它们的假象;有的人称之为超人类,意思是说人类可以凭借技术的帮助不断强化自身,从而形成更为高级的强化人类;有的人称之为赛博或后人类,意思是说人不再是单纯的人,他们经常会面临着身体的物质性改造,进而人的身体中也拥有了机器的部分,于是这种人机混合体就成为了赛博,成为了后人类。可以看出,这些概念在传统的主客框架中是无法被概念化的,尽管传统哲学的做法是面对纷繁复杂的现实世界,试图从中分离出主体因素和客体因素,从而使得这个世界恢复其纯洁的本真面貌;但这种做法是虚幻的,因为真实存在的并不是纯粹的主体或客体,而是处于两者中间的这个混杂的世界,一个充斥着杂合体的世界。S&TS 普遍要求放弃主客两极,反而从中间的杂合体出发来重新建构一种新的哲学,这就是我们在此所讨论的新唯物论哲学。

二、事实与价值边界的坍塌

　　在主客二元结构的基础上,传统科学哲学坚持事实与价值的二分,科学通过考察事物的第一属性,从而将自己的关注点限定在事实上,于是,这一二分进一步塑造了科学与政治、科学与社会之间的二分。进而,科学似乎呈现出某种矛盾状态,科学是人类的一项事业,但它在本质上似乎又与人类无关,它的理论、概念甚至实体都是由人类提出来的,它们被提出来以后就仿佛自古至今一直存在于那里,获得了客观的称号。不过,随着S&TS 的关注点从纯粹的客体、实在的世界转变到物的世界之中,所有这些方面都会发生改变。在 S&TS 看来,这才是它们的本来面貌。

　　从前面几章的讨论可以看出,当代 S&TS 主要采取了两种策略来分析科学与政治的相互纠缠。第一种策略是历史考察。例如,夏平和谢弗的工作揭示了科学和政治、事实与价值的二分仅仅是玻意耳的科学家继

---

① 　　John Law, "Notes on the Theory of the Actor-Network: Ordering, Strategy, and Heterogeneity", *Systems Practice*, 1992, 5(4), pp. 379 - 393.

承者与霍布斯的政治哲学家继承者所制造出来的一个假象,在真实的历史中,玻意耳和霍布斯关于"真空"问题的争论,实际上代表了实验哲学和理性主义两种知识生产的方式。而资产阶级革命时期的英格兰,知识的生产方式又与权威的来源联系在一起,最终,实验哲学的集体知识生产形式,成为当时混乱不堪的英国政局的最佳选择,知识秩序问题也就成为了社会秩序问题。第二种策略是人类学的田野调查,也可以叫作"实验室研究"。例如拉图尔、塞蒂娜、柯林斯等人的工作向我们展现出,实验室内的微观政治通过修辞、磋商等途径与知识的生产过程和事实的制造过程纠缠在一起。而对物的非客观属性、社会属性的考察就成为事实与价值、科学与政治的二分法崩溃的重要基础。

拉图尔举了一个非常有意思的例子。如果某人用一把枪杀了另外一个人,那么,到底是枪杀人还是人杀人呢? 一种观点认为是枪杀了人,因为枪使得杀人行为以此种方式得以实现,另一种观点则认为是人杀人,因为如果他想杀人,即便没有枪,他也会想其他的办法。拉图尔提出了第三种观点,枪自己是不会杀人的,因为它虽然具有成为杀人武器的潜能,但这种潜能并未成为现实,而且,事实上,它也具有很多其他的潜能,如成为某位收藏家的藏品,甚至在某种特殊情况下我们可以用之来砸开一个核桃等。枪成为杀人工具,这一潜能的实现,必须借助于人才能达成。当然,也不是人杀人,因为如果没有枪,杀人行为可能无法实现,或者说以其他方式实现。由此可见,枪和人最终成为了什么样的行动者,并不是由枪或者人单独决定的,而是由两者构成的集合体决定的。或者说,两者的遭遇,使得他们各自最初的存在状态都发生了改变,从而合成为了第三个行动者。于是,我们只能说"枪—人"杀了人。进而,枪就不再是中立的了,它成为了"枪—人"或者"人—枪"这一集体的杀人行为得以实现的一个要素,成为社会技术网络中不可分割的一部分,如果没有它,这一集体就不会产生,杀人行为也就不会以此种方式发生。

由此,S&TS着重考察了物对人类行为的影响,这一过程就是前文曾经讨论过的规约。例如,拉图尔指出,规约机制表明物本身具有强烈的价值和道德维度,因为它对人类的行为模式提出了要求。"规约就是机械装置的道德和伦理维度","多少个世纪以来,我们就知道,人类一直都在将力量委派给非人类,不仅如此,他们还将价值、责任和伦理赋予非人类";而且,正是因为非人类的这种道德,我们人类也才更加道德地行动。① 很多人可能会见过下图这种警车,这实际上并不是真的警车,而只是一个仿制的车尾模型,可以称为仿真警车。这种警车设有爆闪装置、警示标语,上方配有太阳能接收器,可保证它的工作时间。它们常被放置在高速公路以及道路连接线处,闪烁的警灯、"正在测速"的警示标志,对司机的车速和驾车状态起到了良好的监督作用,有资料显示,安装这种仿真警车之后,交通事故率有了明显下降。这个例子恰恰说明了物的介入会在很大程度上影响人类行为,这种影响有时在道德和法律层面是具有积极意义的。在此意义上,人们甚至可以说,物内在地嵌有了道德性。

图 4 - 2　仿真警车

同时,物的世界的"人口"暴增,也会使得道德的范围不断增加,"道德的总和不仅不会保持稳定,而且会随着非人类的增殖而急速增长"。② 进而可以说,"人类越是走进这一结构[人与物的杂合结构]之中,也就越具

---

① Bruno Latour, "Where Are the Missing Masses? The Sociology of a Few Mundane Artifacts", in Wiebe E. Bijker & John Law (eds.), *Shaping Technology/Building Society*, Cambridge, Mass.: The MIT Press, 1992, p. 232.

② Bruno Latour, "Where are the Missing Masses? The Sociology of a Few Mundane Artifacts", p. 232.

有人性"。① 例如,手机的出现,就为人类社会的道德、法律等层面增加了新的内容:与人同餐时做一个低头族,就是不礼貌的行为;上课时做一个低头族就是违背课堂纪律的行为;窃取他人手机信息、利用手机进行诈骗就是违犯法律的行为,如此等等。这是因为,新的技术物的出现会改变最初的社会技术网络,进一步导致人际关系的变化,进而也就引发了人类道德边界的变化。从更加宏观的视角来看,物也会带来人类社会结构的改变。在巴斯德"发现"细菌之前,法国社会中并不存在细菌的地位。而在巴斯德利用细菌制造出疫苗并解决了炭疽热、霍乱病之后,巴斯德和细菌成为了法国社会中无法绕开的中心,拉图尔称之为必要经行点。任何一个群体只要能够将自己与巴斯德和细菌捆绑在一起就可以获得强大的力量,农民可以战胜农场中发生在牲畜身上的疾病,工厂可以通过生产疫苗而获得极大利益,政治家可以通过与巴斯德和细菌结盟而获得战胜对手的力量,如此等等。拉图尔把《细菌:战争与和平》一书的英文译名定为《法国的巴斯德化》,其目的就是要表明科学与社会是同在的。

换个视角看,物的道德属性在一定程度上也可以被视为政治属性。正是在此意义上,国际上的一批学者近些年来也在呼吁一种"政治本体论"的研究。美国技术哲学家温纳较早讨论了这个问题。他指出,某些技术体系及其技术产品是与特定的社会秩序联系在一起的,如纽约长岛低矮的立交桥就反映了设计者的种族偏见和阶级偏见,因为这种低矮的立交桥使得公共交通工具无法进入长岛地区,这就把那些当时还无力承担私人小汽车的白人穷人和黑人排除在长岛之外了,上层白人和中产阶级也就成为了长岛琼斯海滩的独享者。由此,温纳说技术物"不仅仅是某种社会秩序的象征",以使某些人获益而某些人受损,"它根本就是这种秩序的化身"。而另外有一些技术物本身就"内嵌着政治因素",例如,原子弹的巨大杀伤力,要求它必须由一条集权化的、严格等级化的控制链所掌控,以避免对它的不当使用。因此,"原子弹天生就是一个政治人造物"。②

① 布鲁诺·拉图尔:《我们从未现代过》,第157页。
② Langton Winner, *The Whale and the Reactor*, Chicago:The University of Chicago Press, 1986, pp. 19-39.

女性主义进路的 S&TS 研究也开始关注技术物的政治性问题，特别地，他们普遍认为技术物的设计体现出性别的差异，而且这种性别的差异能够在与特定社会团体的互动中改变技术物的设计方式，从而强化或者弱化某种性别差异。韦伯以飞机驾驶舱的设计为例，分析了早期的军用和民用飞机是如何将女性排除在外的，这是因为一般情况下女性相较男性而言，身形、力量都要小一些，因此很难有效"控制和操作某些特定类型的设备"，进而也就无法操控飞机。不过，技术物的这种政治和性别属性，可能会发生变化；后来在一些团体的努力下，飞机设计者对驾驶舱进行了改造，从而取消了这种性别限制。① 戈梅兹通过对西班牙洗衣机制造业的分析，强调了性别因素也可以通过对洗衣机的设计、建造和操作，从而进入到技术物之中；而且，这种内化的政治因素，反而强化了性别之间的差异和歧视。②

如果大家对巴黎的城市规划有所了解，就会知道巴黎拥有宽阔的马路和独具特色的星状路口，这种路口有别于一般的十字路口，它使得人们可以从一个路口迅速进入很多条街道。巴黎现有的城市建筑和街道主要是在 19 世纪下半叶建设的。有资料显示这种设计最初的目的之一是为了防止革命的发生，因为旧巴黎城细窄的巷子使得革命者很容易就可以把道路两端堵住，从而成为一个极难攻克的堡垒。当然，后来的巴黎公社运动表明这种设计可能起到了一定效果，但并不是很明显。在英国哪怕是乡间的十字路口，也都设置了安全岛，这些安全岛有效降低了车速，减少了交通事故的发生。事实上，与诉诸人类的自我道德要求相比，物的引入给人类所带来的强制性道德约束要有效得多，门童与自动门就是一个很好的对比，拉图尔所说的"沉睡的警察"（道路上的减速带）也是一个非常明显的例子。

在此，有两个问题需要注意。第一，如果说物的道德性或者对人类的

① Rachel N. Weber，"Manufacturing Gender in Commercial and Military Cockpit Design"，in Deborah G. Johnson & Jameson M. Wetmore (eds.)，*Technology and Society：Building Our Sociotechnical Future*，Cambridge，Mass.：The MIT Press，2009，pp. 265 – 274.

② M. Carme Alemany Gomez，"Bodies，Machines，and Male Power"，in Deborah G. Johnson & Jameson M. Wetmore (eds.)，*Technology and Society：Building Our Sociotechnical Future*，Cambridge，Mass.：The MIT Press，2009，pp. 389 – 405.

图 4-3　巴黎凯旋门广场(左),英国乡间的交通路口(右)

规约,是在最初的建构阶段嵌入的,那么,道德就不能只停留在物的使用阶段,从而依靠人们的自律来实现。道德应该前行到物的建构阶段,以物的规约方式发生作用的道德他律要比自律可靠得多。但这并不是一种技术决定论的观点,因为一方面,建构性阶段仅仅是建构了物的一种潜能,就如枪被嵌入了杀人的潜能,但其潜能的最终实现所依赖的却是"枪—人"这一集体,它是在某种地方性情境中得以实现的;另一方面,物的建构性并不必然决定其将来的使用,就如人们建造锤子的目的是将之当作一种方便的工具使用,但在一定情境下,它也可以与枪一样成为杀人工具,因此,物的未来使用是带有不确定性和偶然性的,这就涉及我们要讨论的第二点。尽管我们预先带着一定的目的制造某种技术产品或者发明某项技术,但当技术物进入社会之中或者技术付诸使用之后,它们可能会出现一些难以预料的后果,拉图尔、卡隆等社会学家称此过程为转译,意思是说,对于任何一个人或物的行动者而言,与他者的遭遇必然会带来其行动轨迹的改变,这种改变带有偶然性,是无法预期的。类似地,科林格里奇就此提出了被学术界称作"科林格里奇困境"的难题。"一项技术的社会后果在技术发展的早期阶段是无法预期的。然而,当某些不可取的后果显现出来时,技术已经成为了作为整体的经济和社会结构中的一个重要部分,以致对它的控制变得非常困难。"这样,就产生了一个难题。"当改变轻而易举时,改变的必要性却不甚明了;当改变的必要性显而易见时,改变却又成为了一项耗钱、耗力、耗时的事情了。"①就此而言,特别是当技术的后果无法预见时,对技术的使用和技术产品的引入,该采取一种什么样的态度,就成为一个非常重要的问题了。前文讨论过的"预防原则"就是其中的一种主流立场。

本章小结

与具有超越性的自然和社会相比,物是真实的,它就分布在我们生活的方方面面;它是混杂的,我们无法在社会技术网络中厘定哪些是属物的,哪些是属人的;它是人类的一种强化力量,能够增加人类的各种能力,而且这种增加不是外在性的,它直接构成人的自我界定。在此意义上,我们的世界从来不是主客分明的,也从未在人类和非人类之间有一个明确的界线。我们一直生活在一个非现代的世界之中。

进而,物所需要的不是哲学的先验分析和思辨考察,因为后者的理想对象只能存在于理想世界,而物是现实世界的实存之物,因此人类学进路的经验哲学就更为适合。在此进路下,物的真实性、混杂性和强化力量,使得它不再是人类社会的附属物,它直接成为了人类社会的公民,或者说,人类与物共同构成了一个新的社会,一个人与物的"集体"或"议会"②。斯唐热和拉图尔称此为"万物政治",它在最根本的层面上将"认识论、本体论、伦理学和美学融合起来"。③

如果物也同人类一样进入政治观照的视野,那我们就需要转变考察视角,从只关注科学有效性即求真的层面,转移到同时关注求真和求善两个层面。传统科学观认为,科学只是一项求真的事业,与善和责任无关,这就是斯诺所谓两种文化分裂的深层原因。S&TS的工作将政治、道德等层面引入科学和技术成果之中,这就要求我们在科学实践中贯彻一种

① David Collingridge, *The Social Control of Technology*, New York: St. Martin's Press, 1980.
② 布鲁诺·拉图尔:《我们从未现代过》,第162页。
③ Michael Lynch, "Ontography: Investigating the Production of Things, Deflating Ontology", *Social Studies of Science*, 2013, 43(3), p.451.

"负责任"的科学观。如哈拉维所言,"责任是存在者之间的一种互动关系"①,人类对物质世界有责任,因为物质世界在很多时候充当了人类工作的对象;物质世界对人类也有责任,因为人类有时也会成为物质世界的客体。这就要求我们不仅要关注求真,因为求真是科学有效性的基础;同时也要关注求善,求善才能为我们创造一个美好的未来。在这种科学观视野下制造出来的科学和技术,不管从现实可靠性上,还是从所产生的社会后果上,才是一种真正符合社会需要的科学。

■ 思考题

1. 按照 S&TS 的思路,选取日常生活中的某件技术产品,谈谈对人与物的互构关系的看法。

2. 根据本章对物的概念考察,谈谈你对技术创新的内容和原则的看法。

3. 你认为科学是否可以将求真与求善统一起来?

■ 扩展阅读

丹尼尔·李·克莱曼.科学技术在社会中:从生物技术到互联网.张敦敏,译.北京:商务印书馆,2009.

范发迪.清代在华的英国博物学家:科学、帝国与文化遭遇.袁剑,译.北京:中国人民大学出版社,2011.

希拉·贾撒诺夫.科学技术论手册.盛晓明,等,译.北京:北京理工大学出版社,2004.

---

① Donna Haraway, *When Species Meet*, Minneapolis:University Of Minnesota Press, 2008, p. 71.

第五章 科研不端行为的多维审视

打开电视、翻开报纸,大家会发现这样一种现象,媒体为了增加自己的观点的说服力,往往会援引一些专家的意见,于是,"甲专家认为""乙教授指出"等便充斥媒体。随着数字技术的发展与普及,影像式的专家访谈更是成为媒体的惯用手段,于是,这些专家穿上白大褂进入新闻、广告之中。媒体的这种做法会带来很好的效果,因为专家顾名思义就是他所在领域的知识权威,按照专家的建议去安排我们的生活,那自然是最科学的了。然而,当大量的科研不端行为被曝光,大量虚假专家身份被揭穿之后,人们对专家的信任似乎又发生了动摇。

那么,科研不端行为包括哪些方面?科研不端行为的根源何在?如何规避科研不端行为?所有这些问题都是学界的关注点所在。

第一节 科研不端行为的历史与现状

科研不端行为并不是今天出现的现象,它自古有之。早在 19 世纪,英国科学家查尔斯·巴比吉甚至指出,科学中的舞弊行为是英国科学衰落的重要原因。他强调,"科学研究比其他大多数活动都易受到各种冒牌货的干扰。"[①]当然,如果把所有不端行为的实施者都视为冒牌货,似乎有些过分,实际上很多著名的科学家也都有过或多或少,或严重或轻微的不规范行为。

一、历史上的科研不端行为

历史上,曾经发生过很多有影响力的科研不端行为;同时,随着科学史研究的不断深入,人们甚至开始发现历史上那些著名科学家也有过疑似科研不端的行为。这些行为主要包括如下几类。

(1)抄袭或剽窃,这是一类最常见的科研不端行为,是指未加指明地

---

① C.巴比吉:《英国科学的衰落》,波碧译,《世界研究与开发报导》1990 年第 4 期,第 21 页。

使用他人成果,或把他人成果当作自己的成果使用。历史上曾经发生了疑似抄袭或剽窃的很多案例。托勒密是人类历史上伟大的天文学家,他的观点在 1543 年哥白尼提出日心说之后才慢慢被取代。但是,科学史家经过对托勒密著作数据的分析之后,认为托勒密抄袭了喜帕恰斯的很多数据。托勒密生活在埃及的亚历山大,喜帕恰斯生活在地中海的罗得岛,罗得岛在纬度上比亚历山大高 5 度。显然,如果将观测点选择在亚历山大,那么,南面星空中 5 度范围内的数据,在罗得岛上是无法观测到的,但托勒密的星表中恰恰缺失了这些本应该观测到的数据。最为合理的解释是,观察点实际上是罗得岛。此外,托勒密著作中的很多其他数据,都只适用于与罗得岛同纬度的地方。于是,有人认为最合理的解释就只能是托勒密抄袭了喜帕恰斯的工作。[1] 同时,也有学者指出托勒密的地理学著作中也有大量的抄袭内容。[2] 据此,人们认为托勒密具有严重的抄袭嫌疑。不过,就当时而言,知识产权的概念可能并不明确,而托勒密的工作又在一定程度上使得前人的著作得以流传,因此也有人认为托勒密不应该受到过多的指责。

(2)捏造,是指没有做过相关实验、没有进行过相关观察而凭空捏造出数据,皮尔当人就是捏造数据的一个典型案例。1912 年,英国的律师道森宣布,他在英格兰的一个名为皮尔当的村庄发现了一些人类头骨化石的碎片、石器和已经灭绝的动物化石。后经伦敦自然史博物馆地质部部长伍德沃德鉴定,这些是猿人遗骨,距今约为 50 万年。尽管有人对此表示质疑,但学术界主流还是接受了皮尔当人。[3] 随着相关检测技术的进步,直到 50 年代,几位科学家对皮尔当人骨骼进行了多次检验,最终发现骨头表面的颜色是人工染上去的,而且头骨来自现代人,距今 620±100 年,而下颌骨则来自一个未成年的现代猩猩,距今 500±100 年,牙齿也被人工打磨过,动物化石是从其他地方采集来之后又重新掩埋的。一

① 威廉·布罗德、尼古拉斯·韦德:《背叛真理的人们:科学殿堂中的弄虚作假》,朱进宁、方玉珍译,上海科技教育出版社 2004 年版,第 12 页。
② 保罗·佩迪什:《古代希腊人的地理学——古希腊地理学史》,蔡宗夏译,商务印书馆 1983 年版,第 180 页。
③ 罗素的《西方哲学史》甚至也提到了皮尔当人,"假使当初有谁控告皮尔当人侵界偷猎,皮尔当人就会写出莎士比亚的诗篇吗?"参见罗素:《罗素文集第 8 卷·西方哲学史》(下),马元德译,商务印书馆 2012 年版,第 319 页。

切都是伪造的。①

（3）篡改，一般是指在科学研究过程中根据自己的预期对原始数据进行更改或选择性使用。与哥白尼一样，孟德尔也是一位教职人员，同样，他也对科学研究有着浓厚的兴趣，最终因为发现了后人所谓的"孟德尔遗传定律"而被视为现代遗传学的奠基人。然而，有学者却对孟德尔遗传定律的发现过程提出了质疑。统计学家费希尔认为孟德尔的数据太过完美，以致让人难以相信，"孟德尔的实验数据即使不是全部、至少也可以说大部分都是伪造的，目的是使它们同他所预期的结果完全吻合"。由于孟德尔的很多原始数据已无处可查，因此，他对数据的修改到底是故意还是无意，已经无从知晓。有人在《园艺科学》杂志发表一篇文章，对孟德尔进行了调侃："开始，是孟德尔一个人在那里默默地思考着。然后他说：'豌豆们出来吧。'果然，豌豆出来了，这很好。他把这些豌豆种在园子里，对它们说：'多多、成倍地长吧，再各自按类分开。'豌豆们真地照办了，这也很好。现在，到了孟德尔收豌豆的时候，他把它们分成圆的和瘪的两种，把圆的叫做显性，瘪的叫做隐性，这也很不错。但这时孟德尔看到圆的有 450 粒，瘪的有 102 粒，这可不好，因为按照定律，每有一个瘪豌豆就应该有三个圆豌豆。孟德尔想：'他妈的，这都是敌人搞的，他趁黑夜把坏豌豆种在我的园子里了。'于是，孟德尔狂怒地敲着桌子说：'你们这些该死的鬼豌豆，都给我滚开，滚到漆黑的外面让老鼠把你们吃掉。'嘿！果然灵验，这下子剩下了 300 粒圆豌豆，100 粒瘪豌豆，很好！这真是非常非常的好。于是孟德尔将它发表了。"②

除了孟德尔，还有一位伟大科学家被认为有篡改数据的嫌疑，这就是密立根。密立根是著名物理学家，因测定电子的电荷而于 1923 年获得诺贝尔奖。密立根要做的是把小滴液体（最初是水滴，后改为油滴）放入一个电场，而后测定使液滴保持悬浮所需的电场强度，其目的是测量单一电子的电荷量。如果所考察油滴的电荷值均为某一数字的整数倍，这说明基本电荷是存在的，而且这个基本数字就是所要找的数值。最初，密立根

① 中国大百科全书总编辑委员会：《中国大百科全书·生物学 2》，中国大百科全书出版社 2002 年版，第 1118—1119 页。

② 威廉·布罗德、尼古拉斯·韦德：《背叛真理的人们：科学殿堂中的弄虚作假》，第 19—20 页。

严格按照科学研究对数据的使用要求,将所有测量结果都公开了,但这些数值却并没有完全支持密立根的观点。而维也纳大学的物理学家埃伦哈夫特则反对密立根的观点,他认为"带有非整数电子电荷的亚电子"是存在的,而密立根最初诚实的态度反而使自己陷于不利地位。1913年,密立根发表一篇文章,这篇文章中包含了58次观测的数值,而所有这些数值都是某一个最小单位的整数。而且,密立根指出,"这不是一组经过选择的液滴,而是在连续的60天里经过实验的所有液滴。"这篇文章为密立根赢得了这场论战,而论战的失败则导致埃伦哈夫特陷入精神崩溃。然而,科学史家霍尔顿在考察了密立根最初的实验记录之后发现,密立根对数据的使用是存在很大问题的。密立根1913年的那篇文章共使用了58次观测,但实际上是从140次观测中有意挑选出来的。在原始记录中,密立根在很多数值旁边标记了评价,如"漂亮。这个当然要发表,真漂亮!","错的厉害,不能使用""非常低,一定出了什么错","出了点问题","一致性很差。没有结果","一定是什么东西错了"。① 除了对数据的选择性使用之外,也有学者指出密立根学术成果的署名上也存在问题,他于1920年发表的一篇文章,实际上是他与他的学生弗雷彻一起完成的,但密立根要求了这篇文章的单独署名权,并将其后发表的第5篇论文的单独署名权交给了弗雷彻。②

　　此外,有材料显示,牛顿、达尔文、巴斯德等都有过类似的不规范行为。这些不规范行为的存在,对这些科学家的形象确实会带来一定的影响,这也使得很多他们的崇拜者在情感上无法接受。

　　当然,有学者指出,在这些伟大科学家生活的时代,他们相应学科的学科规范并不是很清晰,或者说正处于形成过程之中,因此,我们不能以今天的标准来要求过去的人。达尔文曾对人与动物的面部表情与真实情绪之间的关系进行了考察,这些考察主要体现在《人与动物情绪的表达》等著作中。但根据一些学者的考证,达尔文在这些著作中所使用的照片,有的来自一位法国生理学家的著作,这位生理学家拍摄的是面部受到电

---

① 威廉·布罗德、尼古拉斯·韦德:《背叛真理的人们:科学殿堂中的弄虚作假》,第19—22页;巴里·巴恩斯、大卫·布鲁尔、约翰·亨利:《科学知识:一种社会学的分析》,邢冬梅、蔡仲译,南京大学出版社2004年版,第27页。
② 洪晓楠等:《科学伦理的理论与实践》,人民出版社2013年版,第190页。

极刺激的患者,达尔文保留了面部表情,去掉了电极;达尔文也请人对其他的照片进行修饰,如额头增加线条等;一幅婴儿啼哭的照片,实际上是一幅绘画;达尔文摄影师的照片也经常出现在著作中,甚至摄影师的妻子也摆拍了一张照片。对此,评论人士指出,"从很多方面来讲,《情绪的表达》一书的出版都标志着实验影像学的诞生。它无法遵照科学摄影的准则,因为它正处于这些准则的产生过程之中。在这本书出版以前,照片好坏的判定标准是它看起来真实与否,而不是其产生过程的可靠性。此后,由于科学家开始应用照片作为肉眼无法直接看到的事件的证据,人们才开始要求保证照片的客观性……《情绪的表达》一书的出版正处于这一观念转折的风口浪尖。"①

如果说历史上的这些伟大科学家在科研规范问题上都难免犯错,那么,现实中的那些普通科研工作者的情况如何呢?

二、当代科研不端行为

按照默顿的观点,实际上也是绝大多数人的观点,科学是这个世界上最为客观的一项事业。客观性的一个重要体现就是科学可以通过各种程序规避各种形式的舞弊行为。确实,科学中有着明确的证据使用规则、完整的论文写作规范、严格的同行评议程序,所有这些似乎都可以使得不端行为无所遁形。现实情况如何呢?

让我们想象一下,如果一位科学家碰到了明确的不端行为,特别当这项行为的实施者可能是他的学生、实验室工作人员时,他会怎么做呢?按照惯常的理解,他一定会挺身而出,开除这位舞弊者,并向学术界公开他的舞弊行为,以免给其他人的学术工作带来损失。

阿尔萨布蒂堪称科学不端史的一段"传奇",他在3年的时间里游走于美国一流科研机构,疯狂地通过抄袭发表论文。当被一个实验室驱逐之后,他可以很快在另外一个实验室获得职位,他的经历充分反映了学术界的自我监督、自我纠正、自我治理的机制在一定层面上是多么脆弱。1971年,17岁的阿尔萨布蒂进入巴士拉医学院学习。四年后,阿尔萨布

---

① 霍勒斯·弗里兰·贾德森:《大背叛:科学中的欺诈》,张铁梅、徐国强译,三联书店2011年版,第55页。

蒂向政府报告称自己找到了新的癌症检测方法。伊拉克政府未做核实便将他接到巴格达录取为当地医学院的五年级学生,并拨专款为其建立实验室。阿尔萨布蒂具有非常强的社会交际能力,当时的伊拉克政府由阿拉伯复兴社会党控制,他便把自己的实验室命名为复兴特种蛋白质实验室,而政府也把这个实验室视为复兴主义革命新秩序的典型。但是,阿尔萨布蒂并没有开展科学研究,他利用自己与政府的关系,辗转于各个工厂,为工人进行收费的癌症检查。但事实上,阿尔萨布蒂只是收取了工人的费用,却并未对血样进行检测。这样的行为显然无法维持下去,等到政府接到人们的控诉而进行调查时,阿尔萨布蒂已经逃离了伊拉克。离开伊拉克之后,阿尔萨布蒂便开始了他"神话般的医学探险"。他先来到约旦,并自称在伊拉克受到了政治迫害,因为当时约旦与伊拉克的关系并不和睦,因此约旦政府接受了他。考虑到他的医学背景,约旦王储经常派他外出参加各种国际会议,并在国内为其创造了优厚的工作条件。阿尔萨布蒂说服了约旦政府,派他到美国学习。阿尔萨布蒂到达美国的经历也非常传奇。在一次国际学术会议上,阿尔萨布蒂碰到了美国坦普尔大学的微生物学家弗里德曼,会议期间,阿尔萨布蒂向后者表示了希望跟随他学习的愿望。回到美国不久,阿尔萨布蒂在毫无征兆的情况下突然出现在弗里德曼的实验室,最后,他不得不承认自己冒用了弗里德曼的名义与坦普尔大学联系才来到美国的。弗里德曼竟然接受了阿尔萨布蒂。然而,阿尔萨布蒂并没有在实验室认真进行科学研究,反而是忙于与实验室的一位助手偷偷幽会。一个月后,阿尔萨布蒂提交了一篇论文,但弗里德曼在与他交谈之后认为,论文的数据可疑,而且阿尔萨布蒂对很多科学知识并不了解。最终,在阿尔萨布蒂一直无法交出自己的医学证书的情况下,他被开除。不过,他并没有因此"消沉",他接着来到了微生物学家惠洛克的实验室,惠洛克对他的遭遇表示同情,他觉得这位与约旦王室有血缘关系的年轻学生只是在适应美国社会时遇到了困难,而且坦普尔大学也没有公平对待他。于是,阿尔萨布蒂留在了惠洛克的实验室工作,并继续得到约旦王室的资助。接着,他被接纳为好几个学会的会员,在一份申请书中,他说自己将会回到中东"领导约旦癌症学会",并说自己正在杰斐逊医学院从事博士后研究。但实际上根本没有这回事,医学院的同事发现阿尔萨布蒂根本不会操作基本的科学仪器,甚至还捏造科学数据。在经过严格的审查之后,惠洛克把阿尔萨布蒂开除。正是以这样的方式,阿尔萨布蒂不断得到在美国实验室和医院工作的机会。

阿尔萨布蒂发表了大量的论文,不过,这些论文基本上都是抄来的。他的抄袭方式主要有以下几种。在离开惠洛克的实验室之前,阿尔萨布蒂利用最后的机会偷走了实验室一份经费申请报告的复印件和一些文稿。两年后,这些文章几乎一字不动地发表在捷克斯洛伐克的一家杂志上。阿尔萨布蒂抄袭的另外一种方式是找一份并不是很知名的杂志,从中选取一篇文章,换成自己的名字,然后将这篇文章寄到另外一个非知名杂志上。它以这样的手段在几十种国际杂志发表了文章。同时,由于大部分科学论文都是有合作者的,阿尔萨布蒂也伪造了自己的几个合作者,但这些名字实际上是虚构的,他们根本不存在。此外,阿尔萨布蒂的联系地址一直在改变,有的论文中是约旦皇家科学学会,有的是伊拉克复兴特种蛋白质实验室,有的文章中还用到了美国和英国的家庭住址。

尽管阿尔萨布蒂的作案手法并不高明,但他依然骗过了很多知名科学家。其中原因可能有这么几点。第一,阿尔萨布蒂把自己包装得非常优秀,以致那些科学家都不愿意放弃这样一位杰出的人才,例如,他在一份简历中曾经写道自己仅仅 24 岁,但已经写了 43 篇科学论文,21 岁时便在巴士拉医学院获得了医学学士和化学学士学位,是 11 个专业学会的会员,在英国、约旦、美国都从事过博士后研究,并声称在美国获得了永久居留权。在某些文章中他甚至还说自己获得了博士学位。第二,科学家们往往不太愿意公布与自己相关的那些科学丑闻,尽管自己并不是这些丑闻的实施者。阿尔萨布蒂的一位同事评价说,"阿尔萨布蒂对这一套很了解","他很清楚,谁也不愿第一个说:喂,这家伙是个骗子"。在知道阿尔萨布蒂抄袭了自己实验室的论文后,惠洛克曾两次写信给一家杂志要求它们撤销阿尔萨布蒂的文章,但却毫无回应。最后也只是在这件事情成为一件国际性新闻之后,该杂志社才发表了撤文声明。

当然,随着越来越多的人发现了阿尔萨布蒂的抄袭事件,杂志社渐渐开始发表有关阿尔萨布蒂的情况,《自然》《科学》杂志也多次发表文章谴责阿尔萨布蒂的行为,阿尔萨布蒂逐渐成为学术界的过街老鼠,而且这件事情也慢慢成为了一个国际性学术事件,至此,他在学术界的道路被彻底堵上。尽管如此,阿尔萨布蒂的很多文章至今仍然可以在各类科学数据中被检索到，而且，这些文章也都有一定的引用，这对学术界的影响可想而知。

我们来看看阿尔萨布蒂的造假内容。他伪造了医学学位，骗得了约旦政府数万美元的资助，谎称与约旦政府有血缘关系，声明获得了博士学位。在美国几个著名实验室进行研究期间，他发表了 60 篇论文，几乎全部都是剽窃而来，这些文章发表在了全世界范围内几十家科学杂志上。阿尔萨布蒂的"才能"骗过了两个中东国家的政府、11 个科学学会的评审委员会和美国 6 个高等教育机构的行政官员。[①] 从这个案例可以看出，学术界的自律与自治确实有作用，但这种作用的发挥有时候需要一个相当长的周期，而且即便在舞弊行为已经被披露的情况下，很多错误做法仍然没有得到纠正。

图 5-1　《自然》和《科学》杂志对阿尔萨布蒂事件的报道[②]

①　威廉·布罗德、尼古拉斯·韦德：《背叛真理的人们：科学殿堂中的弄虚作假》，第 24—37 页。

②　William J. Broad, "An outbreak of piracy in the literature", *Nature* 285（5765），1980，pp. 429 - 430；William J. Broad, "Would-Be Academician Pirates Papers：Five of his published papers are demonstrable plagiarisms, and more than 55 others are suspect", *Science*, 1980，208(4451)，pp. 1438 - 1440.

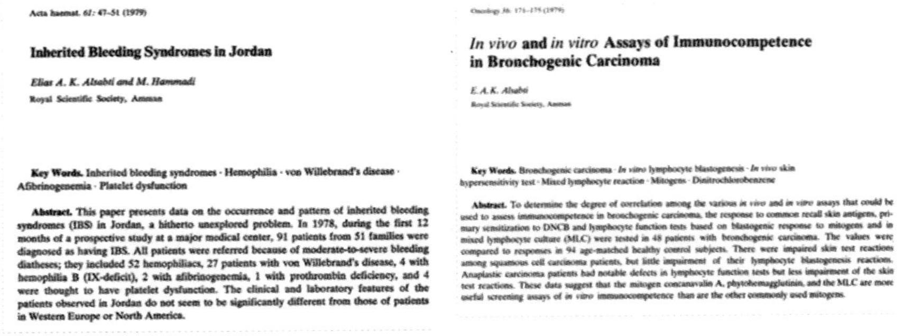

Acta haemat. *61:* 47–51 (1979)

Inherited Bleeding Syndromes in Jordan

Elias A. K. Alsabti and M. Hammadi

Royal Scientific Society, Amman

Key Words. Inherited bleeding syndromes · Hemophilia · von Willebrand's disease · Afibrinogenemia · Platelet dysfunction

Abstract. This paper presents data on the occurrence and pattern of inherited bleeding syndromes (IBS) in Jordan, a hitherto unexplored problem. In 1978, during the first 12 months of a prospective study at a major medical center, 91 patients from 51 families were diagnosed as having IBS. All patients were referred because of moderate-to-severe bleeding diatheses; they included 52 hemophiliacs, 27 patients with von Willebrand's disease, 4 with hemophilia B (IX-deficit), 2 with afibrinogenemia, 1 with prothrombin deficiency, and 4 were thought to have platelet dysfunction. The clinical and laboratory features of the patients observed in Jordan do not seem to be significantly different from those of patients in Western Europe or North America.

Oncology 36: 171–175 (1979)

***In vivo* and *in vitro* Assays of Immunocompetence in Bronchogenic Carcinoma**

E.A.K. Alsabti

Royal Scientific Society, Amman

Key Words. Bronchogenic carcinoma · *In vitro* lymphocyte blastogenesis · *In vivo* skin hypersensitivity test · Mixed lymphocyte reaction · Mitogens · Dinitrochlorobenzene

Abstract. To determine the degree of correlation among the various *in vivo* and *in vitro* assays that could be used to assess immunocompetence in bronchogenic carcinoma, the response to common recall skin antigens, primary sensitization to DNCB and lymphocyte function tests based on blastogenic response to mitogens and in mixed lymphocyte culture (MLC) were tested in 48 patients with bronchogenic carcinoma. The values were compared to responses in 94 age-matched healthy control subjects. There were impaired skin test reactions among squamous cell carcinoma patients, but little impairment of their lymphocyte blastogenesis reactions. Anaplastic carcinoma patients had notable defects in lymphocyte function tests but less impairment of the skin test reactions. These data suggest that the mitogen concanavalin A, phytohemagglutinin, and the MLC are more useful screening assays of *in vitro* immunocompetence than are the other commonly used mitogens.

图 5－2　阿尔萨布蒂发表过的两篇文章①

实际上，在很多时候，科学家不仅不会主动公布某些与自己相关的人员的不端行为，甚至还会帮助他们隐瞒。发生在哈佛医学院的达尔西舞弊案充分说明这一点。达尔西是美国著名心脏病专家布劳恩瓦尔德的学生，不管从哪方面来看，达尔西都是非常优秀的。他工作非常刻苦，不知疲倦；在哈佛的两年期间，发表了近百篇论文和摘要，其中不少是与其导师合作发表的。他的导师甚至打算专门为其建一个研究所。然而，达尔西的年轻同事们却认为达尔西的工作很可能存在问题，因为他的论文产量实在超出常人太多。于是，他们在某个晚上偷偷观察达尔西获得数据的过程，竟然发现他的数据是捏造的。在对证时，达尔西承认造假，但坚持说只犯过这一次。尽管同事们认为达尔西肯定在很多论文中都造假了，但他的导师却不这么认为。导师选择了把事件掩盖下来，原因何在呢？首先，导师觉得达尔西很可能只犯过这一次。其次，达尔西实在太过优秀，而如果把事情公开的话，很可能导致其职业生涯的终结。最终，导师解除了达尔西的职务，但他仍然可以留在实验室工作，舞弊事件被隐藏下来，包括那些曾经发表了达尔西文章的杂志也毫不知情。然而，5 个月之后，达尔西提交的成果中再次被查出存在数据造假嫌疑，这时达尔西的不端行为才遭到正式审查。可以看出，科学家往往抱着"家丑不外扬"和保护年轻人的态度，在适当的情况下选择隐瞒自己同事的舞弊行为。

---

① E. A. K. Alsabti & M. Hammadi, "Inherited Bleeding Syndromes in Jordan", *Acta Haematol*, 1979, 61, pp. 47 – 51; E. A. K. Alsabti, "In vivo and in vitro Assays of Immunocompetence in Bronchogenic Carcinoma", *Oncology*, 1979, 36(4), pp. 171 – 175.

三、中国科研不端行为的"时代特色"

随着中国科学研究事业的迅速发展,科学从业人员的数量也急剧增加。不过,正如中国科学研究的创新能力和国际影响力不断增加一样,中国学术界的科研不端行为也呈现出了类似特征。中国科研不端行为现状严峻,已经呈现出发生率高、形式多样、影响恶劣等特点。

2007年,中国科学院发布《关于加强科研行为规范建设的意见》,对科研规范问题的重要性、基本原则、科研不端行为的界定与表现等,都给出了系统的说明,这一方面表明了中科院对科研规范问题的重视,另一方面也表明了中国当前的科研不端行为已经到了不容忽视的程度了。[①] 实际上,2009年7月10日中国科学技术协会发布的《第二次全国科技工作者状况调查报告》显示,在全部科技工作者中,有55.5%的人表示明确知道自己周围的研究者有过科研不端行为,这些不端行为的主要形式包括侵占他人研究成果、抄袭剽窃、弄虚作假、一稿多发等。[②] 科研失范问题已经成为影响学术界健康发展的毒瘤。随着中外学术交流的不断增加、网络时代信息流通的无障碍化,中国学术不端行为也开始出现许多新的"时代特色"。

进入21世纪以来,各类科研不端行为层出不穷,这些不端行为牵连范围广、涉及科研金额巨大、社会影响恶劣。2006年,上海交通大学微电子学院院长陈进被曝学术造假,他声称自主研发、具有完全自主知识产权的芯片"汉芯一号",实际上是从美国买回来的,他所做的只不过是雇人将原有的标志用砂纸抹掉了。但是,这样一个芯片,却给陈进带来了极大的"回报",他凭此先后获得多项高级人才称号,累计骗取科研经费上亿元,"汉芯一号"甚至载入了《中华人民共和国年鉴2004》之中。[③] 这一造假形式并不高明,但是他却一次又一次成功地骗过了那些评审专家,不断获取

① 中国科学院:《关于加强科研行为规范建设的意见》,《中国科技期刊研究》,2007年18(2),第204—205页。

② 中国科学技术协会:《中国科学技术协会年鉴2010》,中国科学技术出版社2010年版,第147—148页。

③ 中华人民共和国年鉴编辑部:《中华人民共和国年鉴2004》,中华人民共和国年鉴社2004年版,第771页。

科研奖励和科研资助,这说明我们目前的科研奖励和科研基金资助形式存在很大的漏洞,所谓的同行评议程序并没有发挥最充分的作用。

2012年7月,第二批"青年千人计划"名单公布,入选者中有一位毕业于加拿大多伦多大学的青年学者陆骏。陆骏是北京化工大学2011年引进的高层次人才,任该校教授。然而,有人在调查后指出,陆骏的简历有严重的造假成分。陆骏造假的方法很简单,一般情况下,发表外文文章时,中国学者都要使用拼音作为自己的名字,然而,拼音相同但汉字不同的名字可以有很多,而与陆骏读音相同的名字就非常多。陆骏就是利用了其名字非常常见这一条件,把三个人的简历拼凑到了自己身上。例如,陆骏自称2004年在多伦多大学获得博士学位,而实际上的Jun Lu于1999年在该校获得硕士学位,而且是位台湾人;同时,陆骏称曾在美国默克公司担任过研发科学家,默克公司确实有一个Jun Lu,但却是另外一个人;陆骏在国际知名杂志上所发表的7篇论文,真正的作者却是耶鲁大学助理教授卢俊的成果。[①] 陆骏的造假手段并不高明,但却极富"创造性",同时,也带有了时代的特点,因为网络时代信息的透明化使他更容易获得各种数据进行造假,而网络的开放性也使得学术打假有了更大的空间。

另外一种非常具有时代特色的学术不端形式与科研经费的使用有关。近些年来,随着中国经济发展和财政实力的增强,国家不断加大对科研工作的支持力度,这就使得部分科学家手中聚集了大量的科研经费,这是马太效应在现实科研工作中的切实体现。然而,很多科学家却在这些经费的使用过程中严重违背科研规范,甚至触犯了法律,因为科研经费尽管属于实验室的科研用费,但本质上仍然是国家财产。近年来,学术界出现了多起因科研经费使用问题而被判入狱的案例。2014年1月7日,浙江大学某教授被杭州市中级人民法院以贪污罪判处有期徒刑10年。他通过开具虚假发票、编造虚假合同、编制虚假账目等手段,累计套取或变现科研经费达1000万。[②] 北京邮电大学某教授利用他人身份证件办理

---

① 叶铁桥:《两起造假事件拷问学术欺诈罪与罚》,《中国青年报》2012年7月30日08版。
② 叶铁桥:《贪污近千万元科研经费,浙大一教授被判十年》,《中国青年报》2014年1月10日07版。

银行存折冒领劳务费,将 68 万元科研经费占为己有,被判刑 10 年 6 个月;山东大学某教授以虚开发票方式,骗取科研经费 300 多万,被判刑 13 年。① 这些案件涉及金额巨大,既引发了学术界的震惊,也导致了全社会对学术界认知态度的变化。当然,目前的科研经费使用方式确实存在很大的问题,例如,科研工作者的智力劳动并没有得到承认,但这并不能成为贪污科研经费的借口。

科研不端行为的技术含量相对较低,因为造假者往往就是在正常的科研道路上难以前行才违背科研规范的,其形式往往也非常简单,比如上述案例中购买他人成果据为己有、将他人成果拼凑成自己的学术经历,但是,它们所带来的收益却是巨大的,不端行为的实施者们凭此获得各类高级人才称号,获得大量的科研经费,而他们所带来的损失却要由国家承担。因此,净化学术空气、严格学术规范、规避不端行为刻不容缓。

第二节　科研不端行为的现实与学理考察

要规避科研不端行为,首先需要对它进行完整的界定,因为只有从定义上弄清楚科研不端行为的范围,才可能对其进行认定和惩戒;其次,需要深刻挖掘科研不端行为出现的深层原因,这样才能从源头上找到规避科研不端行为的办法;最后,既要从原则上也要从可行的具体举措上,明确防范科研不端行为的主要措施。

一、科研不端行为的认定

给科研不端行为下一个明确的定义,有时也可能非常危险,因为它有可能忽视了此后新出现的科研不端行为的"创造性",以致难以对某些行为进行认定。当然,学术界也设想了对此的处理办法,后文我们会看到。

科研不端行为是随着科学事业的发展、科研工作者人数的增加、科研竞争的加剧等而出现的。改革开放之后,我国的科学事业进入快速发展的时期,20 世纪 80 年代就出现了一些科研不端行为的案例,进入 21 世纪以来,我国科研不端行为的案例更是呈现井喷态势。由于我国科学事

---

① 　雷嘉:《教育部查 75 所高校科研经费》,《北京青年报》2014 年 10 月 17 日 A8 版。

业的起步晚于西方,进而科研不端行为的大规模出现也晚于西方,这就使得我国学术界对科研不端行为的研究也必然晚于西方。西方学术界对科研不端行为的研究开始得非常早,前文提到的英国物理学家巴比吉就是较早开始科研不端行为研究的学者。当然,西方学术界开始系统性地关注科研不端行为,也是近几十年以来的事情。在考察科研不端行为的界定时,应该注意几点问题。

第一,科研规范的范围实际上代表了人们对科学的基本看法。当前,关于学术不端行为的比较有代表性的定义是由美国国家科学技术委员会在《关于科研不端行为的联邦政策》中给出的,其主要内容是指在计划、实施、评议研究或报道研究结果时出现捏造、篡改或剽窃等情况。从这一定义来看,不端行为主要限于科学研究活动自身,而与之相关的其他问题如财务、伦理等则交由相关法律规范去处理。① 这一定义的实质在于坚持一种纯粹知识的科学观,而与科学相关的那些非认识论层面的问题,则交给科研规范之外的法律。问题在于,当代科学研究在根本上已经不再是单纯的知识生产,更重要的是一种改造自然、改造社会甚至改造自我的力量的生产,因此,科学必然是在其实践过程中、在人和物的互动与互构过程中实现自身的。在此视角看来,对传统科学观而言的这些非本质性问题仍然属于科研规范的约束范围。

第二,正如前文所指出的,科研不端行为的方式也是在不断"创新"的,如果对科研不端行为的界定过于死板,那就很难对新出现的一些不端行为进行判定。因此,很多科研不端行为的界定中都加入了一条,"被科学共同体认定的其他形式的科研不端行为"。例如,美国国家科学基金会将科研不端行为界定为,在提交、实施或者报告中采取弄虚作假、伪造、剽窃或其他严重背离科学界公认惯例的行为,此外,还包括对举报人和未同流合污者打击报复等行为。② 当然,现实中人们肯定不会教条式地坚持科研不端行为的判定,但适当灵活增加该定义的外延,就足可以应对将来出现的新情况。此外,灵活性的增加也就意味着操作性的增强,这就需要

---

① 中华人民共和国科学技术部:《国际科学技术发展报告 2007》,科学出版社 2007 年版,第 75—76 页。

② 科学技术部科研诚信建设办公室:《科研诚信知识读本》,科技文献出版社 2009 年版,第 130 页。

切实严格执行不端行为的认定程序。

第三，通常情况下，在科研不端行为的界定中，人们主张区分诚实的错误或观点的分歧与有意欺诈之间的关系。一般而言，不端行为是实施者有意而为，因此，实施者具有主观故意性；诚实的错误则是研究者受各种条件限制（包括观点的差异）而做出的误判，它们的实施者并非故意如此。这种区分是非常有必要的，因为如果诚实的错误或观点的差异而导致的误判也要被视为科研不端而遭受惩罚，那么必然打击科学家进行学术研究的主动性，在一定程度上也会扼杀新观点、新思想的产生。这一区分在理论上是有必要的，但在现实中要做到将两者严格区分开来却是非常困难的。很明显，如果有人因为不端行为而遭到学术共同体的惩罚，那么，他首先要为自己辩解的就是把故意的不端行为说成为非主动性的无心之失。因此，两者的区分是一个现实性问题，它要依据于相关学者的专业判断。

从 20 世纪 80 年代开始，我国学术界也开始关注科研规范问题，特别是近些年来，教育部、科技部、中科院、各著名大学相继出台相关文件，这些文件对科研不端行为的范围做出了非常详细的界定。例如，《国家科技计划实施中科研不端行为处理办法（试行）》将科研不端行为分为以下几类："（一）在有关人员职称、简历以及研究基础等方面提供虚假信息；（二）抄袭、剽窃他人科研成果；（三）捏造或篡改科研数据；（四）在涉及人体的研究中，违反知情同意、保护隐私等规定；（五）违反实验动物保护规范；（六）其他科研不端行为。"[1]此外，教育部出台的《高等学校科学技术学术规范指南》、中国科协出台的《科技工作者科学道德规范》等也都对科研不端行为进行了明确的界定。[2] 综合而言，中国学术界一般将科研不端行为划分为以下几类。

第一类不端行为的形式是数据或履历造假。数据造假容易理解，例如故意捏造数据或实验结果，破坏原始数据完整性，篡改实验记录或图片

——————————

① 科学技术部：《国家科技计划实施中科研不端行为处理办法（试行）》，《中华人民共和国国务院公报》2007 年第 28 期，第 14 页。

② 教育部科学技术委员会学风建设委员会：《高等学校科学技术学术规范指南》，中国人民大学出版社 2010 年版；中国科学技术协会：《科技工作者科学道德规范（试行）》，《科协论坛》2007 年第 4 期，第 34—35 页。

等。这也是比较常见的造假形式。履历造假显然是针对前文陆骏这类造假形式而言的,包括在职称评定、项目申请与结项、成果申报等过程中做出虚假陈述,提供虚假的学位证书、获奖证书、论文发表证明、文献引用证明等。例如,2013 年 12 月 25 日国家自然科学基金委员会通报了对一起不端行为的处理决定。重庆某高校郝某实际出生年份为 1972 年,2009年时为了申报青年科学基金项目,他将自己的出生年份篡改为 1974 年,同时制造了虚假的学生证,编造个人简历,以博士生身份申报青年科学基金项目。2012 年又以同样手段申请一项面上项目并获资助。郝某的行为属于严重的科研不端行为,最后遭到了项目取消、经费追回、通报批评的处分。①

第二类形式涉及著作权造假。这主要包括抄袭、篡改他人作品内容,违规署名以及未尽到保密责任等。违规署名主要是指将未做贡献者纳入作者名单或者将实质贡献者排除在作者名单之外,当然这里的作品不仅包括学术著作,也包括学术译著等其他形式。未尽到保密责任则是指在一些需要相关人员保密的工作流程中,因相关人员未尽到保密责任而导致他人著作权受损的情况。例如,同行评议专家在评审某些论文、书稿或项目申请书时,评审人必须尽到保密责任,如果因为评审人原因导致相关内容外泄,这也属于违规行为。

第三类形式是一稿多投或一稿多发。一稿多投是指把同一篇文章或其他类型的作品同时或在较短间隔内投到不同的学术刊物,而一稿多发则是指同一篇作品或相似作品同时发表在不同的刊物上。这里涉及几个关键问题。什么样的文章属于"一稿"呢?除两篇完全相同的文章属于此类之外,只改动题目而内容不变、对内容进行重新组合而基本立场不变等,都属于这一范围。此外,什么样的投稿方式算是多投呢?按照相关法律规定,向期刊投稿如果自稿件发出之日起 30 日内未收到杂志社相关通知的,可转投其他刊物。不过,这仅仅是法定的再投稿期限,它要服从于约定再投稿期限。实际上,很多杂志社的约定再投稿期限远远超过法定期限。

---

① 国家自然科学基金委员会:《近期查处的科研不端行为典型案例及处理决定》,http://www.nsfc.gov.cn/publish/portal0/tab38/info47720.htm.

　　第四类形式涉及学术引用和参考文献的使用。此方面的不端行为除了抄袭之外,还存在另外一种形式,即引用者出于非学术的目的故意引用某人、某刊物作品,或将某人、某刊物作品列为参考文献。在当前的学术界,引用率已经成为评价一篇文章、一个学者甚至一个刊物的学术水平或价值的重要指标,因此,某些人或机构为了提升自己的影响力,便采取违规手段,片面增加文章的引用率。此外,引用无关参考文献或者只看了二手文献却仅仅写明了原文献,这也都属于科研失范行为。

　　第五类形式是指采取违规手段干扰他人正常的科研活动。例如,故意毁坏、丢弃或扣押他人所需的科研仪器、文献资料或其他相关物品,故意拖延论文评审或项目、成果评审的时间,或故意提出无法证明的修改意见等。

　　第六类涉及参与或与他人合谋隐匿学术劣迹。如参与他人的学术造假,提供虚假证据帮助别人隐匿不端行为,对主管对象检查失职,对投诉人打击报复等。例如,2010 年,有媒体报道,某知名教授、医生在遭到投诉之后,雇凶对投诉人进行打击报复,如果情况属实,这种行为也属于科研不端。

　　第七类是指科学评价中的不端行为。例如,同行评议专家必须对自己所评审的内容非常熟悉,如果参加与自己专业无关的评审或审稿工作也属于不端行为。再如,在评审过程中,出于利益关系而做出违背客观、公正原则的评价;评审者与被评审者直接接触,发生涉及评审的利益往来,评审机构或评审人泄露相关信息。

　　第八类是指以学术团体、专家名义参与商业广告宣传。此外,还有一类特殊的科研规范对涉及人体的研究或涉及动物的实验,也提出了特殊的要求。

　　从上述讨论可以看出,我国对科研不端行为的界定还是比较严格的,包含的内容也很广泛。既然这么严格,为什么还会有那么多的科研不端行为产生呢?

二、科研不端行为的根源

　　从最根本的层面上而言,科研不端行为的发生是因为科研工作者在科学研究的目标问题上发生了错位。在第二章,我们曾经从拉图尔的角度分析了"真理往往掌握在少数人手中"这句话。对这句话的分析实际上表明了科学研究的两个目标。从认识论的层面上来讲,科学研究的目标是认识我们所生活于其中的这个世界,甚至是发现关于这个世界的真理。但是,对于这个目标能否达成或者说其达成的标准是什么,人们却莫衷一是。于是,社会学的标准就成为判定科学与否的直接标准,也就是说,一种观点能否成为科学,最表面的评价准则是人们的共识,如果它获得大多数人的认可,那么,它就是科学。大多数时候,这两者之间是一致的,尽管这种一致性往往也只能是一种事后评价,但有的时候也可能会出现不一致的情况。由此入手,我们似乎可以找到科研不端行为的根源。

科学研究是一项精英性的事业,这也就意味着科研工作者中的绝大部分人只能成为金字塔底端的基座的一部分。[①] 当某些人自感从塔基到塔尖的上升毫无希望时,他们可能就会铤而走险。也就是说,"认识世界"的目标是难以评价的,但"获得认同"的目标却是有形的,按照正常的逻辑,如果前者无法达成,那么后者也就无法实现,这时认识论的目标是社会学目标实现的前提。但在拉图尔看来,前者的实现必须以后者为前提,这时社会学的目标反而成为了认识论目标的前提。大多数人都会以正常手段争取社会学目标的实现,进而实现认识论的目标;但当人们对成功的渴望超出了自己的能力时,有人可能就会以非正常手段来获取学术界的认同,于是科研不端行为就产生了。

当然,这只是说明了科研不端行为的发生机理。不管从哪方面来讲,科研不端行为首先是科研工作者的一项主动性行为,因此,首要原因便在于科研工作者自我道德要求的降低。韦伯认为自我修养是成为一名科学家的内在条件,因而也是最重要的条件。但实际上,科学家在道德上并不比其他群体更加高尚。不过,默顿认为,尽管科学家在本性上与常人无异,但科研规范的存在却能够塑造科学家高尚的伦理观念。然而,默顿规范仍然只是一种理想状态,他与其说是为科学家规定了一套道德律令,倒不如说是为科学家树立了一种理想,但现实与理想的差距是巨大的。因此,科学家并不天生就是道德高尚者,当他们对名望或利益的渴求超出他们的道德自律时,不端行为就发生了。

_____

① 哈里特·朱克曼:《科学界的精英——美国的诺贝尔奖金获得者》,第12—14页。

部分科研工作者的职业观念也是存在问题的。当然,献身科研仅仅是传统观点所塑造的一种科学理想,现实中,并不存在是否"献身"的问题,因为科研工作已经成为了一项职业,它不要求科研工作者为之"献身",反而它可以为科研工作者提供安身立命的根基。实际上,职业与韦伯所说的天职(或译"志业")并不冲突,但很多人对作为一名职业的科研工作者也存在一定的认识误区。有人会认为大学里的科研工作者的主要工作就是上课,而科研仅仅是可有可无的点缀(当然,也存在相反的认识),这就导致一部分人在选择科研作为自己的职业时,并未抱定真正履行科研职责的信念。这种认识误区与强大的科研压力结合起来,就成为他们铤而走险的重要原因。一方面,创新性是科学家在学术界赖以生存的根基,但创新性却不是那么容易就能达到的。另一方面,某些高校实行的"非升即走"制,也给很多科研工作者带来很大的压力,因为如果在一定年限内达不到高校所提出的要求,很可能就将面临失业。因此,要在慵懒的工作状态与高强度的工作压力之间达成妥协,那就只有一条带有危险性的捷径可走了。

巨大的利益诱惑也是科研不端行为发生的原因之一。当今的科学研究与传统的科学研究已经有了很大的不同。当牛顿研究物理学和数学时,他所想的并不是赚多少钱,因为那个时代的科学也不能赚钱,尽管数学和物理学为他获得了一个教授职位,后来使他成为了英格兰造币厂的主管。① 但今天的科学研究却是能够为科研工作者带来巨大收益的,有了学术声誉,他就可以像伟大的牛顿一样获得教授职位,获得各种社会兼职,于是他的名字可以出现在各种会议和各类期刊的顾问名单中,甚至出现在某些公司的董事中,成为各类盈利性学术讲座的高朋上宾,如此等等。学术研究与科研工作者的个人利益之间并不存在矛盾,哪怕是默顿所说的"无私利性"原则也不排斥个人利益,但这些利益的获得是建立在较高的学术声誉基础上的,而学术声誉则是研究者在科研道路上长期艰苦跋涉的结果。当某些研究者试图以某种不规范手段省略或缩短这种跋涉历程时,不端行为就会发生。

---

① 据说牛顿"可以从制造出的每磅硬币中提成百分之一",这个数目大的似乎令人难以置信。詹姆斯·格雷克:《牛顿传》,第 134 页。

　　我国当前的科研评价体制也是诱发科研不端行为的原因之一。在目前的科研评价体制中,论文的数量、科研项目的级别、科研经费的多少,成为评价科研工作者的最核心指标。在这种压力之下,有的人采用抄袭、重复发表、捏造数据等手段来增加论文的数量,有的人甚至通过购买论文或项目申请书来提高论文发表和项目申请成功的概率。据媒体报道,有学者甚至一稿 11 发,也曾经有不同的项目申请者购买了雷同的项目申请书而申请同一年、同一类的科研经费。实际上,论文、项目的数量与经费数目可能仅仅是问题的一部分,更重要的是很多科研机构随意变更职称的评审要求,甚至对不同职称、不同资历的科研工作者执行不同的评价标准,这更导致很多科研工作者无所适从,于是,科研不端就成为缓解这种无所适从感的最便捷的手段。

　　同行评议是国际通行的科研评价方式。除却同行评议本身的合理性问题之外,同行评议程序本身能否得到严格执行也是一个很大的问题,因为如果同行评议过程无法做到很好的保密,那么,同行评议也就有等于无。就我国当前的情况而言,不管是某些学术刊物的评议程序,还是国家级的科研项目的评审规则(例如,如何更好地执行回避原则、保密原则等),都有很多需要改进的地方。

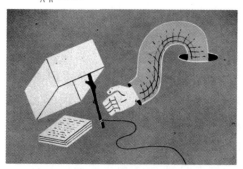

图 5-3　博农安文章中的插图

哈佛大学生物学家约翰·博安农（John Bohannon）用假名字、假地址写了一篇论文，投给了全球 304 个开放出版期刊，结果 157 家表示接受。然而，这篇论文却是胡编乱造的，就如作者所说，只要具有高中水平以上的化学知识，并能够读懂基本的数据图，就会立刻发现这篇论文存在问题；而且，论文在实验方面存在严重错误，结果也毫无意义。甚至在作者要求撤稿之后，仍有编辑表示"我们尊重您撤稿的决定。如果您愿意发表您的论文，请告知我，我随时为您效劳。"

2005 年，麻省理工学院（MIT）的几个学生设计了一个可以自动生成论文的程序 SCIgen，并用此程序随机生成了两篇论文，投给了两个国际会议，其中一篇退稿，另一篇被接受为未经评审的论文，可以到研讨会上发表。2008 年和 2009 年，又有人分别向在中国武汉举办的两场国际会议投稿，结果不仅论文被接收，而且虚构出来的作者 Schlangemann 还被邀请做一场分会的主席。图 5-4 是以本人的名字生成的一篇论文，它具备了一篇论文所应具有的所有形式要素，甚至还有复杂的数据图表，但它是一篇毫无意义的论文。①

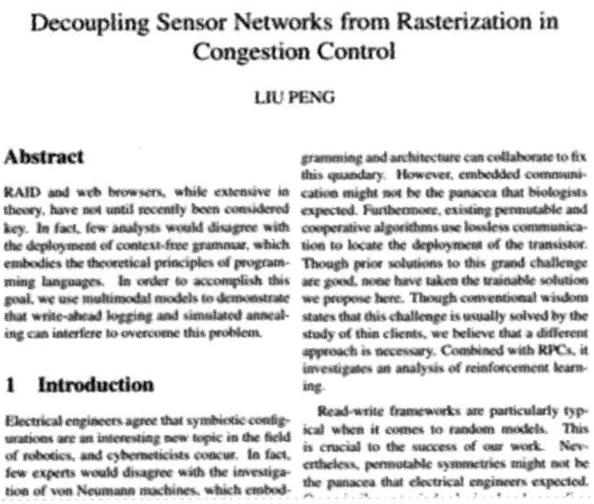

图 5-4　以本书作者名字利用 SCIgen 生成的一篇论文

①　John Bohannon, "Who's Afraid of Peer Review?" *Science*, 2013, 342(6154), pp.60-65. SCIgen 的网址为 https://pdos.csail.mit.edu/archive/scigen/。另可参见毕恒达：《教授为什么没告诉我》，法律出版社 2007 年版，第 168 页；李慧翔：《给我一篇假论文，我能骗倒半个地球》，《南方周末》2013 年 11 月 7 日。这两个例子充分说明，当前的同行评议机制确实存在严重问题。

目前的科研模式与科研激励机制在某些情况下也可能成为不端行为的诱因之一。一方面，在大科学的时代，科学研究成为了一项费钱的事业，这可以从各个高校在工作计划或总结中总是会把科研经费拿出来说一说这一现象中看出，同时，它的重要性也反映在了各种大学排行榜的参考因素之中。不管它在科学研究的过程中具有认识论的重要性（S&TS）还是仅仅停留在社会学的层面上（默顿学派），金钱或科研经费至少在很多学科中都成了科研活动得以展开的前提。在此情况下，科学家为了有效推进自己的科学研究，必然会产生对科研经费的强烈渴望。在科研经费的申请过程中，已有的工作基础是非常重要的，因为它是评审人在评价某一课题的可行性和可能性的重要依据。但如果申请者未做过前期准备工作或者前期工作并未取得一定成效，为了获取资助，部分申请者就有可能采用抄袭、捏造或其他方式虚构"基础"，在他们看来，这种冒险是值得的，因为这种"冒险"的回报是非常丰厚的。另一方面，尽管传统观点认为精神奖励比物质奖励更重要，但物质性奖励是有形的，有时还会转化为科研工作得以进一步发展的动力，因此，很多高校和科研机构都把物质奖励作为非常重要的手段。奖励形式主要包括直接的金钱奖励和科研经费奖励两种。例如，很多学校针对科研工作者发表论文的期刊的级别，制定了不同的奖励标准，有的学校对一些重要期刊的奖励额度是非常高的，甚至能够超出科研工作者一年的工资收入，这对很多人而言不可谓不是一个很大的诱惑。同时，即便有些奖励以科研经费的形式下拨，但这对于实验室的可持续发展也是非常重要的。由此，当需要钱的科研模式与提供钱的激励机制结合起来时，科研不端行为的产生似乎也就可以理解了。当然，科研工作者收入总体偏低（这并不代表所有人的收入都偏低），这也是很多人试图通过科研奖励"发家致富"的原因，当这种愿望的强烈程度超过其科研能力时，不端行为就很可能会发生。

最后，科学家对科研不端行为的双重态度，也是此类行为不断发生的原因之一。确实，大部分科学家对科研不端行为是深恶痛绝的，但这并不意味着他们对任何科研不端行为都会进行最彻底的批判和揭露，因为科学家的客观、中立、理性等态度，针对的是科学研究的实验、数据、推理等认识论领域的概念，而不端行为却是属于社会学范畴的，科学家对不端行为的态度就不可能做到绝对的客观。例如，像前文案例所展现的，科学家对于自己的雇员或学生的不端行为,极有可能会采取下不为例的态度,这种态度在很多时候是不会使不端行为消失的。退一步说,即便不端行为的实施者受到了感召,重回科研的正途,但他此前的不端行为所带来的后果(如论文)已经存在了,极有可能会对他人的科学研究造成负面影响。科学家双重态度的另外一种表现是科学家对外界的监督往往会持不满态度,这一问题我们在下一部分再做详细讨论。

上述原因都是在一般层面上的思考,涉及个案,其原因总是具体的,因此必须落实到个案行为所发生的情境之中,进行针对性的分析。

三、科研不端行为的防治

既然找到了科研不端行为的根源,那么能否针对性地进行纠正呢?实际上,彻底纠正是不可能的,因为人的行为是无法被逻辑、道德或法律所彻底规训的。但我们确实可以通过一些强化措施来降低此类行为发生的可能性。

首先,科研不端行为的前提是实施者要有主观的意愿,因此,要规避科研不端行为,就必须在思想上使得科研工作者认识到科研规范的重要性。目前,尽管学术界已经非常重视科研不端行为,但很多科研单位对科研规范的教育还是缺失的,这就使得很多新入职或入学的科研工作者和学生,并没有系统学习科研规范的渠道。这种缺失是多层面的,学校、院系、导师以及课程设置中都没有特别重视此类教育,有的学校即便在入学教育中将科研规范作为其中一部分,但这种工作也往往流于形式。传统而言,科研规范往往是通过导师的言传身教潜移默化地起作用的,不过导师一般也不会拿出时间专门讨论这些问题。这就导致很多年轻的科研工作者和学生对科研规范的边界并不是很清楚,同时也缺乏对其重要性和严重后果的认识。因此,科研规范的教育必须是全方位的,学校、院系和导师都应该担起责任,而且这种教育不应该是一时的形式,而要成为一项常抓不懈的工作,同时,在课程设置上也可以给予此类教育以一定的学分承认。事实上,这种科研规范的教育不仅可以塑造学生良好的科研习惯,而且可以使学生尽早了解学术界在数据使用、学术引用、论文格式等方面的规范,为学生将来进入学术界打下良好的基础。

其次,要强化对科研工作的监督机制。不过,这个问题比较复杂,我们可以从三个方面进行考察:科学家对外界监督的态度,这种态度的学理基础,如何强化监督。

科学家们往往会本能地排斥外界的监督,我们可以通过一个例子来看一下。1981年3月31日—4月1日,美国时任国会议员、后曾任副总统的戈尔以及其他议员被邀请参加一次听证会,主题是关于科学研究中的舞弊行为,数位著名科学家包括时任美国科学院院长汉德勒被邀请参加。这是美国国会第一次就此召开听证会。但是,科学家们对参加这样的听证会感到不满,他们先是"惊讶","接着转为愤怒"。汉德勒强烈表示了自己的"不快和不满",他认为科研不端只是被媒体放大了,实际上此类行为很少发生,即便发生了,也会在一个"有效的、民主的并能够纠正自身错误的系统"中被查出来。科学家们似乎对不端行为所可能带来的社会影响没有清醒的认识,因此他们的态度都很坚决,认为科学家自己可以解决此类事情。某位议员如此评价,"使我们对这一切感到不安的是,我们在这里听到的许多证词中,似乎有相当'冲'的这样一股科学界的狂妄劲——科学的事我们最懂,我们已经问了这些问题,如果我们不过问,别人也不用插手。"①科学家们的基本立场是显而易见的。

科学家们在此所说的"有效的、民主的并能够纠正自身错误的系统",实际上是指科学成果的可重复检验、同行评议等程序,而这个系统也就是默顿所说的科学的精神特质。一方面,默顿的社会学规范在现实中往往要让位于库恩的认知规范,另一方面,我们前文也已经看到了同行评议程序等所可能存在的问题,显然,这套程序并非万无一失。从根本层面而言,科学家的这种立场实际上代表了人们对科学与政治关系的一般看法,科学与政治是二分的,这一分界保证了科学的纯洁性。这一模型在第二次世界大战后被塑造为一种科技政策。1945年,美国战时科学研究发展局局长万尼瓦尔·布什向美国政府提交了一项名为《科学:没有止境的前沿》的报告。这份报告对政府与科学的关系做出了经典的表述。科学是进步性的,科学的进步性是国家繁荣和民主的保证,科学要健康发展,就必须保持相对的自主性和自由探索的权力,免受政治和其他利益集团的

---

① 威廉·布罗德、尼古拉斯·韦德:《背叛真理的人们:科学殿堂中的弄虚作假》,第1—3页。

压力。政府不能干预科学,以保证"探索的自由和为扩充科学知识前沿所必需的那种健康的科学竞争精神","政府特别适合于执行这样一些职能,例如,协调和支持具有全国性重大意义的课题的全面规划"。可以看出,布什的这一报告的基本立场是,政府需要为科学发展提供资金,但不能过度干预科学研究。① 显然,汉德勒等科学家所坚持的仍然是这种观点,即科学家的事情要由科学家自己说了算。不过,这种科学观的实证主义立场所坚持的客体与主体、事实与价值、科学与政治之间的二分,在今天的很多科学哲学家看来,已经是成问题的了。技科学模糊了一切的界限,彼此之间的明确二分已难维持。在此意义上,外界的监督和监管在一定程度上是必要的。

很多国家都设有专门的科研监管机构,这反映了它们在科研规范问题上从强调默顿式的职业道德建设,转向了严格的法律和制度建设层面。我国这方面的工作虽然起步较晚,但近些年来的工作也颇富成效。例如,科技部下设科研诚信建设办公室,主要职责是接受、转送对科研不端行为的举报,协调项目主持机关和项目承担单位调查处理工作,向被处理人或实名举报人送达科技部的查处决定,推动项目主持机关和项目承担单位的科研诚信建设等。国家自然科学基金委员会下设监察委员会,其主要职责就是全程监督和监管自然科学基金的申请、实施、结项全过程中可能出现的不端行为。近些年来,在国家自然科学基金和国家社会科学基金科研项目的管理中,相关部门的监督、监管起到了非常重要的作用,大量不端行为如重复申请、伪造课题组成员签名、捏造前期成果、结项成果与申请书设定的内容和形式不符、结项成果存在抄袭或捏造数据、科研经费违规使用等,被不断曝光,这一方面说明了我国对科研不端行为监管力度的加大,另一方面也说明了当前科研不端行为的严峻形势。

第三,目前的科研监管制度仍有改进的空间。我国当前的科研监管制度有了很大的改进,但仍有很多漏洞和不完善之处,同时,相关监管部门要提高监管工作的主动性,要做到发现一起,处理一起,而不能只是被媒体曝光之后,在压力之下进行处理。例如,近几年来很多学校相继被曝

① V.布什等:《科学:没有止境的前沿——关于战后科学研究计划提交总统的报告》,范岱年、解道华等译,商务印书馆2004年版,第51—55页.

光硕士或博士毕业论文抄袭事件,这些事件的处理结果往往是取消学生的学位,有的学校甚至会取消导师的招生资格。这些事件都是非常复杂的,尽管无法给出一个一般性的处理标准,但与此学位论文的写作及答辩相关的人员包括导师、答辩委员会、论文查重人员和所使用的数据库甚至校学位委员会等相关人员,是否都需要承担一定的责任呢?这类现象反映出导师的论文指导工作是存在很大漏洞的,同时也表明针对论文查重的技术性工作和相关规范需要进一步改进。再如,在相关科研经费的评审中,回避是一个非常重要的方面。国家自然科学基金委员会和国家社科规划办公室对相关科研经费的申请都做出了有关回避的规定。申请人的近亲属、申请课题主题相近人员、工作单位相同的相关人员等都属于回避的范围,国家社科基金还规定同年度项目申请者不能担任评审专家。回避的方式包括申请人在项目申请书中写出需要回避的人员名单、相关评审专家主动申请回避、相关主管部门根据掌握情况直接确定回避的范围等。从逻辑上来讲,这样的规定是非常合理的,但从现实来看,前两种回避原则的作用很难得到充分发挥,而第三种回避方式又因相关部门所掌握情况的差异而有所不同。但是,就第三种方式而言,这是可以通过相关技术手段进行改进的,例如,如果申请人曾经在某些单位学习或工作过,那么,这些单位的人员是否需要执行回避原则呢?事实上,这种情况下的不端行为确实发生过,因此采取相应的回避举措是非常有必要的。

尽管近年来科研监管部门已经加大了对科研不端行为的处罚力度,但不同系统、不同单位的处罚力度差别比较大,这就使得某些不端行为的成本太低,因此,有必要全面加强对不端行为的惩处;同时,要在不同系统、部门之间实行信息共享,从而建立科研工作人员的"诚信档案",使不端行为一旦发生,其实施者就会成为人人喊打的对象。此外,我们仍然需要进一步完善相关法规,提高科研评价的合理性,使得那些合理利用规则的不端行为无漏洞可乘;建立有针对性的、更加合理的评价体制,减轻高校、科研工作者甚至学术期刊等所面临的过度压力;切实推行严格的同行评议机制,并将科研不端行为作为评议的重要内容;加强学术数据库建设的时效性和全面性,对所有学术申请、成果进行查重检测,尽可能杜绝抄袭现象,等等。

科研不端行为是一个非常复杂的社会现象,尽管在认识论和社会学上都有着深刻的根源,但是它在现实生活中又有着非常繁杂的表现形式,因此,对科研不端行为的防治只能坚持主观教育与客观监管相结合、道德自律与规范和法律他律相并行、预防与惩处双管齐下的方法,才有可能取得切实成效。

本章小结

科研不端行为的根源在于科学评价的认识论和社会学标准之间的复杂关系。认识论标准涉及科学的真假,它考察的是科学命题与其所研究的世界之间的关系,这时,科学家们常常会说"认识世界";社会学标准涉及科学命题的接受程度,它考察的是科学命题与科学共同体对它的态度之间的关系,这时,科学家的目标就变成了"获得承认"。这两个标准之间在很多情况下是统一的,但有时也会发生冲突,当科研工作者发现认识论标准难以达成时,便力图通过非常规手段满足第二个标准,于是,不端行为就产生了。

科研不端行为并不是科学研究中非常罕见的事件,其严重程度超出了大多数人的想象。对科研不端行为的防治需要将主管部门的监管、社会的监督、科研部门与科研工作者的自律三者结合起来。

■ 思考题

1. 你能否为密立根的数据选择行为提供一种辩护?

2. 你认为科学家的自我监管能够杜绝科研不端行为吗?

3. 案例分析:三年级研究生本,正在做的研究项目涉及一项非常重要的新实验技术。本为自己所在领域的一次全国会议撰写了论文摘要,并在会议上对这种技术进行了简单介绍。报告后,另一位科学家弗雷曼博士与他进一步讨论了相关问题,本都做了介绍。本的老师常常鼓励他的学生不要对其他研究人员保密,因此本因为弗雷曼对他的工作感兴趣而非常高兴。6个月后,本在一份期刊上看到了弗雷曼博士的论文。论文所描述的实验,显然是以他的实验技术为基础的。当本查看论文时,在参考文献中却没有找到他的名字。请问本有什么办法取得学术界对他的承认？他是否应该与弗雷曼联系以取得自己应有的荣誉？本的老师鼓励他的学生公开其科研工作，这是错误的吗？①

■ 扩展阅读

霍勒斯·弗里兰·贾德森. 大背叛：科学中的欺诈. 张铁梅，徐国强，译. 北京：三联书店，2011.

威廉·布罗德，尼古拉斯·韦德. 背叛真理的人们：科学殿堂中的弄虚作假. 朱进宁，方玉珍，译. 上海：上海科技教育出版社，2004.

中国科学院. 科学与诚信：发人深省的科研不端行为案例. 北京：科学出版社，2013.

---

① 美国科学院，美国工程科学院，美国医学科学院，科学、工程和公共政策委员会：《怎样当一名科学家——科学研究中的负责行为》，何传启译，科学出版社 1996 年版，第 18—19 页。

参考文献

一、中文文献

[1] 阿尔伯特·爱因斯坦.爱因斯坦文集(第1卷)[M].许良英,等,编译.北京:商务印书馆,2012.

[2] 阿尔伯特·爱因斯坦.爱因斯坦文集(第3卷)[M].许良英,等,编译.北京:商务印书馆,2012.

[3] 艾伦·索卡尔,德里达,等."索卡尔事件"与科学大战:后现代视野中的科学与人文的冲突[M].蔡仲,邢冬梅,等,译.南京:南京大学出版社,2002.

[4] 安德鲁·皮克林.实践的冲撞——时间、力量与科学[M].邢冬梅,译.南京:南京大学出版社,2004.

[5] 巴里·巴恩斯,大卫·布鲁尔,约翰·亨利.科学知识:一种社会学的分析[M].邢冬梅,蔡仲,译.南京:南京大学出版社,2004.

[6] 巴里·巴恩斯.科学知识与社会学理论[M].鲁旭东,译.北京:东方出版社,2001.

[7] 保罗·R.格罗斯,诺曼·莱维特.高级迷信:学界左派及其关于科学的争论[M].孙雍君,张锦志,译.北京:北京大学出版社,2008.

[8] 保罗·佩迪什.古代希腊人的地理学——古希腊地理学史[M].蔡宗夏,译.北京:商务印书馆,1983.

[9] 贝弗里奇.科学研究的艺术[M].陈捷,译.北京:科学出版社,1979.

[10] 毕恒达.教授为什么没告诉我[M].北京:法律出版社,2007.

[11] 伯纳德·巴伯.科学与社会秩序[M].顾昕,等,译.北京:三联书店1991.

[12] 布鲁诺·拉图尔.我们从未现代过[M].刘鹏,安涅思,译.苏州:苏州大学出版社,2010.

[13] C. P. 斯诺.两种文化[M].陈克艰,秦小虎,译.上海:上海科学技术出版社,2003.

[14] C. 巴比吉.英国科学的衰落[J].波碧,译.世界研究与开发报导,1990(4).

[15] 陈方正.继承与叛逆:现代科学为何出现于西方[M].北京:三联书店,2009.

[16] 达尔文.达尔文回忆录[M].毕黎,译注.上海:上海远东出版社,2007.

[17] 大卫·艾杰顿.反历史的 C. P. Snow[A].周任苓,译.//吴嘉苓,傅大为,雷祥

麟.科技渴望社会[C].台北:群学出版有限公司,2004.

[18] 大卫·布鲁尔.社会建构拒斥科学吗?——三万英尺上空的相对主义[J].郑玮,译.江海学刊,2007(5).

[19] 大卫·布鲁尔.知识和社会意象[M].艾彦,译.北京:东方出版社,2001.

[20] 樊洪业.从"格致"到"科学"[J].自然辩证法通讯,1988(3).

[21] 哥白尼.天球运行论[M].张卜天,译.北京:商务印书馆,2014.

[22] 哈里·柯林斯.改变秩序:科学实践中的复制与归纳[M].成素梅,张帆,译.上海:上海科技教育出版社,2007.

[23] 哈里特·朱克曼.科学界的精英——美国的诺贝尔奖金获得者[M].周叶谦,冯世则,译.北京:商务印书馆,1979.

[24] 霍勒斯·弗里兰·贾德森.大背叛:科学中的欺诈[M].张铁梅,徐国强,译.北京:三联书店,2011.

[25] J.D.贝尔纳.科学的社会功能[M].陈体芳,译.北京:商务印书馆,1982.

[26] 教育部科学技术委员会学风建设委员会.高等学校科学技术学术规范指南[M].北京:中国人民大学出版社,2010.

[27] 卡尔·波普.猜想与反驳——科学知识的增长[M].傅季重,纪树立,等,译.杭州:中国美术学院出版社,2003.

[28] 卡尔·波普.科学发现的逻辑[M].查汝强,邱仁宗,万木春,译.杭州:中国美术学院出版社,2008.

[29] 卡尔·波普.客观知识:一个进化论的研究[M].舒炜光,等,译.上海:上海译文出版社,2005.

[30] 卡林·诺尔-塞蒂纳.制造知识:建构主义与科学的与境性[M].王善博,等,译.北京:东方出版社,2001.

[31] 科学技术部.国家科技计划实施中科研不端行为处理办法(试行)[Z].中华人民共和国国务院公报,2007(28).

[32] 科学技术部科研诚信建设办公室.科研诚信知识读本[M].北京:科学技术文献出版社,2009.

[33] 拉瑞·劳丹.进步及其问题[M].刘新民,译.北京:华夏出版社,1999.

[34] 雷嘉.教育部查75所高校科研经费[N].北京青年报,2014-10-17(A8).

[35] 李慧翔.给我一篇假论文,我能骗倒半个地球[N].南方周末,2013-11-07.

[36] 林静.浩瀚的宇宙[M].北京:中国社会出版社,2012.

[37] 刘鹏.三万英尺高空的相对主义者——相对主义与科学的有效性可以共存吗?[J].科学技术哲学研究,2010(5).

[38] 吕凌峰,朱小珂.画家眼中的伽利略审判[J].科学文化评论,2012(4).

[39] 罗宾·柯林武德.自然的观念[M].吴国盛,柯映红,译.北京:华夏出版社,1999.

[40] 罗伯特·金·默顿.十七世纪英格兰的科学、技术与社会[M].范岱年,等,译.北京:商务印书馆,2000.

[41] 罗斯."科学家"的源流[J].张焮,译.科学文化评论,2011(6).

[42] 罗素.罗素文集第8卷·西方哲学史(下)[M].马元德,译.北京:商务印书馆,2012.

[43] 洛克.人类理解论[M].关文运,译.北京:商务印书馆,1983.

[44] 马克斯·韦伯.学术与政治:韦伯的两篇演说[M].冯克利,译.北京:三联书店,1998.

[45] 迈克尔·马尔凯.科学社会学理论与方法[M].林聚任,等,译.北京:商务印书馆,2006.

[46] 美国科学院,美国工程科学院,美国医学科学院,等.怎样当一名科学家——科学研究中的负责行为[M].何传启,译.北京:科学出版社,1996.

[47] N.R.汉森.发现的模式——对科学的概念基础的探究[M].邢新力,周沛,译.北京:中国国际广播出版社,1988.

[48] 钮卫星.天文与人文[M].上海:上海交通大学出版社,2011.

[49] 诺里塔·克瑞杰.沙滩上的房子——后现代主义者的科学神话曝光[M].蔡仲,译.南京:南京大学出版社,2003.

[50] 乔纳森·科尔,斯蒂芬·科尔.科学界的社会分层[M].赵佳苓,顾昕,黄绍林,译.北京:华夏出版社,1989.

[51] 乔治·萨顿.科学史和新人文主义[M].陈恒六,刘兵,仲维光,译.北京:华夏出版社,1989.

[52] 屈儆诚,许良英.关于我国"文化大革命"时期批判爱因斯坦和相对论运动的初步考察[J].自然辩证法通讯,1984(6)、1985(1).

[53] R.K.默顿.科学社会学[M].鲁旭东,林聚任,译.北京:商务印书馆,2003.

[54] 史蒂文·夏平,西蒙·谢弗.利维坦与空气泵:霍布斯、玻意耳与实验生活[M].蔡佩君,译.上海:上海世纪出版集团,2008.

[55] 托马斯·库恩.哥白尼革命——西方思想发展中的行星天文学[M].吴国盛,张东林,李立,译.北京:北京大学出版社,2003.

[56] 托马斯·库恩.科学革命的结构[M].金吾伦,胡新和,译.北京:北京大学出版社,2012.

[57] V.布什,等.科学:没有止境的前沿——关于战后科学研究计划提交总统的报告[M].范岱年,解道华,等,译.北京:商务印书馆,2004.

[58] W. C. 丹皮尔. 科学史及其与哲学和宗教的关系[M]. 李珩, 译. 北京: 商务印书馆, 2009.

[59] 威廉·布罗德, 尼古拉斯·韦德. 背叛真理的人们: 科学殿堂中的弄虚作假[M]. 朱进宁, 方玉珍, 译. 上海: 上海科技教育出版社, 2004.

[60] 温伯格. 终极理论之梦[M]. 李泳, 译. 长沙: 湖南科学技术出版社, 2003.

[61] 吴国盛. 科学的历程[M]. 北京: 北京大学出版社, 2002.

[62] 席泽宗. 中国科学思想史(下)[M]. 北京: 科学出版社, 2009.

[63] 徐迟. 徐迟文集(第 3 卷)[M]. 北京: 作家出版社, 2014.

[64] 亚里士多德. 形而上学[M]. 吴寿彭, 译. 北京: 商务印书馆, 1959.

[65] 亚历山大·柯瓦雷. 从封闭世界到无限宇宙[M]. 邬波涛, 张华, 译. 北京: 北京大学出版社, 2003.

[66] 杨建邺. 科学大师的失误[M]. 武汉: 湖北科学技术出版社, 2013.

[67] 叶铁桥. 两起造假事件拷问学术欺诈罪与罚[N]. 中国青年报, 2012 - 7 - 30 (08).

[68] 叶铁桥. 贪污近千万元科研经费, 浙大一教授被判十年[N]. 中国青年报, 2014 - 01 - 10(07).

[69] 伊恩·哈金. 表征与干预[M]. 王巍, 孟强, 译. 北京: 科学出版社, 2011.

[70] 伊·拉卡托斯. 科学研究纲领方法论[M]. 兰征, 译. 上海: 上海译文出版社, 1986.

[71] 约翰·H. 布鲁克. 科学与宗教[M]. 苏贤贵, 译. 上海: 复旦大学出版社, 2000.

[72] 约翰·齐曼. 真科学——它是什么, 它指什么[M]. 曾国屏, 等, 译. 上海: 上海世纪出版集团, 2008.

[73] 詹姆斯·格雷克. 牛顿传[M]. 北京: 高等教育出版社, 2004.

[74] 赵力, 赵朋乐, 等. 养生"专家"坐堂治抑郁症[N]. 新京报, 2016 - 03 - 28(A06).

[75] 赵元任. 赵元任音乐作品全集[M]. 赵如兰, 编. 上海: 上海音乐出版社, 1987.

[76] 中国大百科全书总编辑委员会. 中国大百科全书·生物学 2[M]. 北京: 中国大百科全书出版社, 2002.

[77] 中国科学技术协会. 科技工作者科学道德规范(试行)[J]. 科协论坛, 2007(4).

[78] 中国科学技术协会. 中国科学技术协会年鉴 2010[M]. 北京: 中国科学技术出版社, 2010.

[79] 中国科学技术协会. 中国科学技术协会年鉴 2011[M]. 北京: 中国科学技术出版社, 2011.

[80] 中国科学院. 关于加强科研行为规范建设的意见[J]. 中国科技期刊研究, 2007 (2).

［81］中国科学院.科学与诚信：发人深省的科研不端行为案例［M］.北京：科学出版社,2013.

［82］中华人民共和国年鉴编辑部.中华人民共和国年鉴 2004［M］.北京：中华人民共和国年鉴社,2004.

［83］中华人民共和国科学技术部.国际科学技术发展报告 2007［M］.北京：科学出版社,2007.

二、外文文献

［1］Alsabti, E. A. K. "In vivo & in vitro Assays of Immunocompetence in Bronchogenic Carcinoma." *Oncology*, 1979, 36(4).

［2］Alsabti, E. A. K. & M. Hammadi. "Inherited Bleeding Syndromes in Jordan." *Acta Haematol*, 1979, 61(1).

［3］Barnes, Barry. *Interests and the Growth of Knowledge*. London: Routledge & Kegan Paul, 1977.

［4］Barnes, Barry & Steven Shapin. *Natural Order: Historical Studies of Scientific Culture*. London: Sage, 1979.

［5］Bloor, David. "Relativism at 30,000 Feet." in Massimo Mazzotti (ed.). *Knowledge as Social Order: Rethinking the Sociology of Barry Barnes*. Aldershot: Ashgate Publishing Limited, 2008.

［6］Bohannon, John. "Who's Afraid of Peer Review?" *Science*, 2013, 342(6154).

［7］Broad, William J. "An outbreak of piracy in the literature." *Nature*. 1980, 285 (5765).

［8］Broad, William J. "Would-Be Academician Pirates Papers: Five of his published papers are demonstrable plagiarisms, and more than 55 others are suspect." *Science*, 1980, 208 (4451).

［9］Bulter, Declan. "Theses Spark Twin Dilemma for Physicists." *Nature*, November 2002, 420(6911).

［10］Callon, Michel. "Some Elements of a Sociology of Translation: Domestication of the Scallops and the Fishermen of St Brieuc Bay." in John Law (ed.). *Power, Action and Belief: A New Sociology of Knowledge*. London: Routledge & Kegan Paul, 1986.

［11］Cole, Stephen. "Voodoo Sociology: Recent Developments in the Sociology of Science." in Paul R. Gross, Norman Levitt & Martin W. Lewis (eds.). *The Flight from Science and Reason*. New York: the New York Academy of

Science, 1996.

[12] Collingridge, David. *The Social Control of Technology*. New York: St. Martin's Press, 1980.

[13] Collins, H. M. & Graham Cox. "Recovering Relativity: Did Prophecy Fail?" *Social Studies of Science*, 1976, 6(3/4).

[14] Collins, H. M. "Being and Becoming." *Nature*, July 1995, 376(6536).

[15] Daston, Lorraine. "The Coming into Being of Scientific Objects." in Daston (ed.). *Biographies of Scientific Objects*. Chicago: The University of Chicago Press, 2000.

[16] Dawkins, Richard. *River out of Eden: A Darwinian View of Life*. New York: Basic Books, 1995.

[17] Editor. "Reality Is Not a Hoax." *Physics Today*, June 1997.

[18] Editor. "Science Wars and the Need for Respect and Rigour." *Nature*, January 1997, 385(6615).

[19] Fujimura, Joan H. "Authorizing Knowledge in Science and Anthropology." *American Anthropologist*, June 1998, 100(2).

[20] Fuller, Steve. *The Philosophy of Science and Technology Studies*. New York: Routledge, 2006.

[21] Gieryn, Thomas F. "Relativist/Constructivist Programmes in the Sociology of Science: Redundance and Retreat." *Social Studies of Science*. 1982, 12(2).

[22] Gomez, M. Carme Alemany. "Bodies, Machines, and Male Power." in Deborah G. Johnson & Jameson M. Wetmore (eds.). *Technology and Society: Building Our Sociotechnical Future*. Cambridge, Mass. : The MIT Press, 2009.

[23] Hacking, Ian. *Historical Ontology*. Cambridge, Mass. : Harvard University Press, 2002.

[24] Haraway, Donna. *When Species Meet*. Minneapolis: University of Minnesota Press, 2008.

[25] Hennion, Antoine & Bruno Latour. "How to Make Mistakes on so Many Things at once—and Become Famous for It." *Mapping Benjamin: The work of art in the digital age*. Stanford, Calif. : Stanford University Press, 2003.

[26] Klein, Ursula & Wolfgang Lefèvre. *Materials in Eighteenth-Century Science*. Cambridge, Mass. : The MIT Press, 2007.

[27] Latour, Bruno & Paolo Fabbri. "La rhétorique de la science: pouvoir et devoir

dans un article de science exacte. " *Actes de la recherche en sciences sociales*, 1977, 13(1).

[28] Latour, Bruno & Steve Woolgar. *Laboratory Life: The Construction of Scientific Facts*. Princeton, N. J. : Princeton University Press, 1986.

[29] Latour, Bruno. *Science in Action: How to Follow Scientists and Engineers Through Society*. Cambridge, Mass. : Harvard University Press, 1987.

[30] Latour, Bruno. *The Pasteurization of France*. Cambridge, Mass. : Harvard University Press, 1988.

[31] Latour, Bruno. " A Relativistic Account of Einstein's Relativity. " *Social Studies of Science*, 1988, 18(1).

[32] Latour, Bruno. " Where are the Missing Masses? The Sociology of a Few Mundane Artifacts. " In Wiebe E. Bijker & John Law (eds.). *Shaping Technology/Building Society*. Cambridge, Mass. : The MIT Press, 1992.

[33] Latour, Bruno. " An interview with Latour, interviewed by T. Hugh Crawford. " *Configurations*, 1993, 1(2).

[34] Latour, Bruno. " A Door must be Either Open or Shut: A Little Philosophy of Techniques. " in Andrew Feenberg & Alastair Hannay (eds.). *Technology and the Politics of Knowledge*. Bloomington: Indiana University Press, 1995.

[35] Latour, Bruno. " Ramsés II est-il mort de la tuberculose? " *La Recherche*, 1998, 307.

[36] Latour, Bruno. *Pandora's Hope: Essays on the Reality of Science Studies*. Cambridge, Mass. : Harvard University Press, 1999.

[37] Latour, Bruno. "On Recalling ANT. " in J. Law & J. Hassard (eds.). *Actor Network Theory and After*. Malden, MA. : Blackwell, 1999.

[38] Latour, Bruno. *Politics of Nature: How to Bring the Sciences into Democracy* (tr. by Catherine Porter). Cambridge, Mass. : Harvard University Press, 2004.

[39] Latour, Bruno. "How to Talk about the Body? the Normative Dimension of Science Studies. " *Body & Society*, 2004, 10 (2 – 3).

[40] Latour, Bruno. *Reassembling the Social: An Introduction to Actor-network Theory*. Oxford ; Oxford University Press, 2005.

[41] Latour, Bruno. " Networks, Societies, Spheres: Reflections of an Actor-Network Theorist. " *International Journal of Communication*, 2011, 5.

[42] Law, John. "Notes on the Theory of the Actor-Network: Ordering, Strategy,

and Heterogeneity. " *Systems Practice*, 1992, 5(4).

[43] Lynch, Michael. *Art and Artifact in Laboratory Science: A Study of Shop Work and Shop Talk in a Research Laboratory*. London: Routledge & Kegan Paul, 1985.

[44] Lipton, Peter. *Inference to the Best Explanation*. London: Routledge, 2004.

[45] Lynch, Michael. *Scientific Practice and Ordinary Action*. Cambridge: Cambridge University Press, 1993.

[46] Lynch, Michael. "Ontography: Investigating the Production of Things, Deflating Ontology. " *Social Studies of Science*, 2013, 43(3).

[47] Lynch, Michael. "Is a Science Peace Process Necessary. " in Jay A. Labinger & Harry Collins (eds.). *The One Culture? A Conversation About Science*. Chicago: The University of Chicago Press, 2001.

[48] Maffie, James. "Naturalism, Scientism and the Independence of Epistemology. " *Erkenntnis*, 1995, 43(1).

[49] Maffie, James. "Recent Work on Naturalized Epistemology. " *American Philosophical Quarterly*, 1990, 27(4).

[50] Mermin, N. David, "What's Wrong with This Reading?" *Physics Today*, 1997, 50(10).

[51] Pels, Dick. "Karl Mannheim and the Sociology of Scientific Knowledge: Toward a New Agenda. " *Sociological Theory*, 1996, 14(1).

[52] Pickering, Andrew. "From Science as Knowledge to Science as Practice. " in Andrew Pickering (eds.). *Science as Practice and Culture*. Chicago: University of Chicago Press, 1992.

[53] Schally, A. V. , Y. Baba, R. M. G. Nair & C. D. Bennett. "The Amino-acid Sequence of a Peptide with Growth Hormone-releasing Isolated from Porcine Hypothalamus. " *Journal of Biological Chemistry*, 1971, 216(21).

[54] Sorell, Tom, G. A. J. Rogers & Jill Kraye. *Scientia in Early Modern Philosophy: Seventeenth-Century Thinkers on Demonstrative Knowledge from First Principles*. Dordrecht: Springer, 2010.

[55] Weber, Rachel N. "Manufacturing Gender in Commercial and Military Cockpit Design. " in Deborah G. Johnson & Jameson M. Wetmore (eds.). *Technology and Society: Building Our Sociotechnical Future*. Cambridge, Mass. : The MIT Press, 2009.

[56] Whitley, Richard. "Black Boxism and the Sociology of Science: a Discussion of

the Major Developments in the Field. " *Sociological Review Monograph* , 1972，18(51).

[57] Winner，Langton. *The Whale and the Reactor*. Chicago：The University of Chicago Press，1986.

[58] Wolpert，Lewis. *The Unnatural Nature of Science*. London：Faber & Faber，1992.

三、电子文献

[1] 国家自然科学基金委员会. 近期查处的科研不端行为典型案例及处理决定. http://www. nsfc. gov. cn/publish/portal0/tab38/info47720. htm.

[2] 中国气象报社. 一张图了解巴黎气候大会. http://www. zgqxb. com. cn/xwbb/201511/t20151130_58606. htm.

[3] Taleb，N. N. & Rupert Read，et al. The Precautionary Principle （with Application to the Genetic Modification of Organisms），arXiv：1410. 5787，17 October 2014. http://econpapers. repec. org/paper/arxpapers/1410. 5787. htm.